U0800898

古代茶文化发展研究

檀　晶◎著

中国戏剧出版社
CHINA THEATRE PRESS

图书在版编目（CIP）数据

古代茶文化发展研究 / 檀晶著. -- 北京 : 中国戏剧出版社, 2025. 5. -- ISBN 978-7-104-05652-2

Ⅰ. TS971.21

中国国家版本馆 CIP 数据核字第 2025LG1038 号

古代茶文化发展研究

责任编辑： 肖　楠
项目统筹： 康祎宁
责任印制： 冯志强

出版发行： 中国戏剧出版社
出 版 人： 樊国宾
社　　址： 北京市西城区天宁寺前街 2 号国家音乐产业基地 L 座
邮　　编： 100055
网　　址： www.theatrebook.cn
电　　话： 010-63385980（总编室）　　010-63381560（发行部）
传　　真： 010-63381560

读者服务： 010-63381560
邮购地址： 北京市西城区天宁寺前街 2 号国家音乐产业基地 L 座

印　　刷： 天津和萱印刷有限公司
开　　本： 787mm×1092mm　1/16
印　　张： 12.25
字　　数： 232 千字
版　　次： 2025 年 5 月　北京第 1 版第 1 次印刷
书　　号： ISBN 978-7-104-05652-2
定　　价： 72.00 元

前　言

中国茶文化源远流长、博大精深。中国是茶文化的发源地，传说在神农时代，中国就已经有了种茶、饮茶的习俗；鲁周公时期，茶便被纳入贡品；唐宋时期茶文化兴盛，陆羽撰写了世界上第一部茶叶专著《茶经》，茶叶通过陆上与海上丝绸之路销往海外，中国茶文化也随之传播；明清时期，茶文化大众化，可以说是全民饮茶。中国是茶的故乡，茶文化融入了中国古代社会的各个层面，茶道、茶德、茶画、茶诗、茶具、茶精神……形成了独特的文化体系。

中国古代茶文化作为中华传统文化的有机组成部分，凝结和体现着中国传统精神。中国先秦时期便以礼治国，自古便是礼仪之邦，沏茶、饮茶等活动中也有一定的礼仪要求，从喝茶到品茶再到赏茶，茶的文化精神内容越发丰富，茶文化与礼仪结合形成了独特的文化现象、礼节现象。礼是中华传统文化的一个核心要素，既作为一种治国手段，成为政治文明的一部分，也作为社会道德规范和行为准则，深刻长远地影响和塑造着中华民族的精神气质。茶文化也通过礼为中华民族的精神气质注入了一股清新的茶香。随着时代的发展，茶文化不断丰富和发展，与人们的生活习惯、交往方式、文娱生活等融合，形成了各种各样的文化现象。茶文化是中华传统文化的代表，融入了中国人的文化血脉，如今，不同地区和民族的中国人仍保持着多样的饮茶习惯和风俗。

中国是茶的原产地，古老的茶树证实了这一点。先秦、汉魏时期的记载，留下了茶业产生及发展的图像与轨迹。唐代以来的“茶道大兴”，更使茶文化丰富多彩和深入人心。中国的五十六个民族，都有饮茶生活史和不同的茶俗，茶香深深浸透进中国人的灵魂和血液，养成了中国人中庸、俭德、明伦、谦和的性格。

从“东方文化圈”来看，中国茶发挥着纽带的作用。由中国传入朝鲜半岛、日本的茶籽、茶叶、茶艺、茶书等，成为东亚国家共同享受的文明成果。正是由于中国茶文化的影响所及，日本吸收其养料，并且与本民族的特性相结合，产生和形成了枝繁叶茂的日本茶道。而在韩国，中国茶文化、朱子家礼等一并传入，经过民族化、本土化的历程，使韩国茶礼演化为文化的奇葩。

站在更为广阔的全球范围来看，甚至可以说茶影响着世界。我们一般习惯所称的丝绸之路、瓷器之路，实际上也可以称为丝茶之路、茶瓷之路，还有独特的茶马古道、茶叶之路。这些连接世界的道路，既有陆上之路，也有海上之路。正是纵横交错的文化交流，使中外文明相互交融。英国下午茶习俗的形成，是其对中华文明接受的最好例证。

中国是茶的故乡，也是世界茶文化的发祥地，数千年来，中国人除了对种茶、制茶的技术精益求精，对茶文化的研究也相当深入。自唐代茶圣陆羽的《茶经》问世以来，历代不乏茶学专著，流传至今的也有百部以上，这是中国特有的丰富遗产。

笔者将有关中国古代茶文化的典籍以及前人的研究作为参考来研究中国古代茶文化的传承与发展，从历史视野看中国茶文化符号是如何建立的。具体来说，茶文化的萌芽主要源于两晋南北朝时期，这一时期饮茶开始在文人墨客中兴起；唐代是茶文化正式形成的时期，大量与茶相关的书籍问世，茶叶产业开始形成；宋代茶产业和茶文化达到了繁荣的阶段，制茶方法、茶艺、茶具、茶俗等都得到了进一步的发展；元明清时期，茶文化得到了进一步的普及，在不断传承与发展的过程中茶文化也在不断向外辐射传播。希望本书的出版能够让更多的读者清楚中国古代茶文化的传承历史，对其形成一个比较成体系的了解。

檀晶

2024 年 1 月

目 录

CONTENTS

第一章　绪论

本章为绪论，从两个方面展开论述，分别是学界茶文化研究概况、茶文化体系。

第一节　学界茶文化研究概况

当今世界，“共建‘一带一路’成为推动人类文明交流互鉴的重要方式”[①]。习近平总书记指出，“在共建‘一带一路’过程中，我们要积极传播中华文化，加强同沿线国家的文化交流”[②]。茶文化作为中华文化传播之一“翼”[③]，曾通过古“丝绸之路”在中国文化的世界传播和交流互鉴中做出过重要贡献。2022 年，“中国传统制茶技艺及其相关习俗”被联合国教科文组织列入人类非物质文化遗产代表作名录。“本次入选的‘中国传统制茶技艺及其相关习俗’堪称我国人类非遗申报项目中的‘体量之最’，共涉及 15 个省（区、市）的 44 个国家级非遗代表性项目，涵盖绿茶、红茶、乌龙茶、白茶、黑茶、黄茶、再加工茶等传统制茶技艺和径山茶宴、赶茶场等相关习俗。”[④]

中国是世界历史上第一个发现茶、饮用茶、种植茶的国家，是茶的故乡。根据文献记载，早在 3000 多年前，中国就已经开始人工种植茶树了，如今临沧市凤庆县还生长着 3200 多岁的人工栽培型古茶树。茶不仅是中国人生活的一部分，还承载着丰富的文化艺术内涵，形成了博大精深、光辉灿烂的茶文化。茶的最本初功能是饮用，人们在饮用茶的过程中发现，其不仅能够促进消化、去油腻，还能够调节郁闷、清神志，将茶的功用上升至精神层面，将饮茶视为一种高雅的活动，一种精神享受，对沏茶、饮茶的过程，所使用的器具、茶叶、水，品茶的环境等提出了种种高要求，形成了茶艺、茶道，并且将饮茶与社会文化活动结合，以茶修身、以茶会友。茶文化与儒释道融合，以蕴养君子之气，以修身养性，以修禅悟道，至此，茶的物质属性、沏茶饮茶的礼仪和茶的精神内涵相统一，人们将饮茶这一简单活动升华为茶文化。

唐代，茶文化开始兴起，茶圣陆羽编撰《茶经》，这是中国，乃至世界第一部关于茶的专著，象征着中国古代茶文化的正式形成，由此开启了古人对茶进行学术研究的历程。然而，在整个中国古代历史时期内，古人的茶文化研究受时代所限，研究层次比较低浅，或是描述茶叶的物理性质、与之相关的文化现象，或是摘录、汇编茶的历史资料，没有在学术层面进行深入探索。而近现代乃至改革

---

① 本报评论员：《开放合作，推动完善全球治理》，《人民日报》2019 年 4 月 25 日第 004 版。

② 习近平：《在敦煌研究院座谈时的讲话》，《奋斗》2020 年第 3 期，第 4—7 页。

③ 李远华：《许嘉璐教授武夷山论茶与文化》，《中国茶叶》2014 年第 6 期，第 1 页。

④ 《“中国传统制茶技艺及其相关习俗”入选人类非遗》，《茶叶学报》2022 年第 4 期，第 230 页。

开放之前，关于茶文化的学术研究也较为单一，主要为茶学（茶的自然科学）和茶业学（茶的社会科学）研究，茶文化研究成果很少。直至20世纪80年代，真正现代意义上的茶文化研究才开始起步。

20世纪八九十年代，学界对于茶文化的研究主要集中于茶文化的基本范畴，如茶史、茶文化基础概念与内涵、茶艺与茶道、陆羽及其《茶经》、宗教茶文化等，形成了大量优秀的研究成果。此外，学界开始自觉、自发地将其作为一个学科来研究，并开展了学科建设，对于之后茶文化的更深层次的研究有着重要意义，奠定了中国茶文化理论体系和学科建设的坚实基础。

21世纪以来，中国茶文化研究进入蓬勃发展阶段，研究层次更深，研究范围更广，研究成果更加丰富，同时中国茶文化广泛应用于各个领域。尤其是近年中华传统文化日益受到人们的关注，民族文化自信水平提升，众多人士在全社会范围内倡导"茶为国饮"，国内确立了全民饮茶日，国际确立了国际茶日，中国茶产业飞速发展，中国茶文化借助新媒体广泛传播和推广，使得更多的人开始饮茶，开始关注和参与茶文化研究。由此，中国茶文化研究的维度更加多元、视野更加开阔、研究方法更多、研究层次更深，茶文化研究在学术层面得到了很大提升，迸发出更大的创新活力。茶文化研究学者代代接力，或延续学术传统，将茶文化基础理论进一步深化和完善，或立足跨学科视角，探索新的学术领域，均产生了大量优秀的学术成果。很多高校尝试开设茶文化课程，甚至茶文化相关专业，进一步促进了茶文化的学科建设。

一、茶文化研究队伍不断壮大

如今茶文化研究备受学界关注，出现了茶文化研究热潮，相关的学术活动越来越多，而且在研究中明显呈现出跨学科、跨界的特征和趋势。越来越多的专家加入茶文化研究队伍，尤其是很多其他领域的学者从自身所在学科视角出发，以差异化的理论和研究方法，结合不同的文献资料，进行了多元化的研究，得到了很多具有创新性的结论和丰富的茶文化研究成果，营造出活跃的学术氛围，吸引着更多学者的加入，有力地提升了中国茶文化的研究层次。

总的来说，目前中国茶文化研究队伍中主要有如下四类研究者。

第一类是茶学界人士，他们主要从事茶叶自然科学研究，如茶树的育种、栽培，茶叶的生产、加工，等等，老一辈茶学专家就属于此类；第二类是茶文化界人士，他们主要投身于茶文化的教学、研究、传播等工作；第三类是人文社科学者，如文学、美学、社会学、宗教学、民族学、管理学等领域的人士；第四类是茶业从业者，如茶文化企业管理人员、茶产业协会人员、与茶相关的政府单位人员等。此四类研究者多来自高校、科研院所、文博、协会四大组织系统，如一些高校的茶文化研究中心和茶叶研究所，还有茶叶博物馆、茶史博物馆、地方的茶文化研究会等。

二、茶文化学术组织机构不断增多

茶文化不仅凝结了物质文明，还承载着精神文明，是两者的统一体，茶文化精神包含了中和之道、自然之性、清雅之美、明伦之礼，与当代中国精神相契合，有助于人们修身养性、保健养生、涵养情志、滋润心灵、美化生活、升华思想等。所以，茶文化研究和推广具有重要意义，有助于培养和完善国民的健康人格、促进精神文明建设、推动和谐社会的构建等。

在中华传统文化教育备受重视的大背景下，伴随“传统文化进校园”“非遗文化进校园”等活动，茶文化也进入校园。部分中小学开展了体验茶艺、了解茶道等活动课程，部分高校开设了与茶文化相关的选修课、通识课，特别是学科知识体系设计茶文化的学系，如旅游管理系、文化产业管理系、中文系、食品系等，还将其纳入必修课体系，少数高校甚至开设了茶文化专业，如浙江农林大学、安徽农业大学、中国农业大学设有茶学院或茶学系，开设了茶艺与茶学专业。还有部分高校在校内设置了专门的茶文化学术组织机构，如清华大学开设了茶道与艺术研究所，北京大学开设了茶文化经济研究所、茶道心理学研究所，中国人民大学开设了茶道哲学研究所，湖北大学开设了万里茶道研究院，等等。这些高校的茶文化学术组织机构有力地促进了茶文化学术研究的进步。

此外，各地政府也非常重视和支持中国茶文化研究，支持了很多茶文化学术组织团体的组建，如今全国各地都出现了茶文化团体组织，通过中国社会组织政务服务平台的全国社会组织查询，检索“茶文化”，可以得到包含协会、学会、中心、促进会等类型在内的近 600 条结果。既有中国国际茶文化研究会这样的全国性团体，也有北京市顺义区茶文化研究会、河北省茶文化学会、大同市茶文化研究会等地方性团体，它们都致力于茶文化研究、教培、推广，并取得了很好的成绩。

除了高校创办和政府支持茶文化学术组织机构之外，还有部分茶企乃至个人自觉关注和支持茶文化研究，或资助或自主创办了茶文化学术组织机构。如大益茶道院，此为大益茶业集团所创立，其积极参与校企合作，不仅与高校联手开展茶文化理论研究，还关注茶文化教育，设立了大益博士后流动站，推动了茶文化学术研究的进步和茶文化高层次学术人才的培养。

三、茶文化研究课题获得国家级科研基金的支持

无论哪一领域开展研究工作，都需要一定的经费支持，茶文化研究一直以来都面临经费不足的问题。近年来，大量的文学、美学、社会学等人文社科领域的学者开始参与茶文化研究，不仅拓展了茶文化研究的维度，也使得茶文化研究课题有更大的机会获得国家科研基金的支持，进而有效缓解了茶文化研究经费不足的困境。从茶文化立项及其研究成果的相关资料中可以发现，越来越多的茶文化研究课题如“赣南客家采茶戏研究”“从边茶边政到边茶文化研究”等获得了国家级科研基金的支持。相较其他国家级科研基金，教育部人文社会科学研究规划基金项目中的茶文化研究课题数量较多，如 2020 年有三个课题获得了支持，为“明代画作中的茶空间设计模型研究”“明清以来武陵山区茶叶贸易与多民族交融互动研究”和“茶叶之路对俄罗斯民族文化的影响研究”。

还可以明显看到的是，国家社会科学基金项目中茶文化相关课题数量显著增加，并且有明显的增加趋势，涉及多个学科，如语言学、管理学、经济学、民族学、历史学、社会学、新闻传播学。这一方面反映了近年来茶文化学术研究的质量和数量大幅提升，另一方面反映了近年来茶文化学术研究领域具有明显的跨学科趋势，研究层次提升、研究视野拓展、研究深度加深。如 2020 年的国家社会科学基金重大项目“‘一带一路’视野下的西南茶马古道文献资料整理与遗产保护研究”就是一个明证。但是也要看到，迄今为止，中国茶文化基础理论研究仍存在一些不足、空白之处，有待进一步提升。

此外，各类省级、校级基金项目中茶文化相关课题已经屡见不鲜，数不胜数。这也启示着我们，解决茶文化学术研究经费不足的问题，要注重调动企业的力量，鼓励和支持企业直接资助茶文化学术组织机构的研究，或者通过校企合作方式共建茶文化学术组织机构共同研究。大益茶业集团的实践就是最佳证明，其与多个高校如清华大学、北京大学等共同建设了多个茶文化学术组织机构，产出了很多优质的研究成果。

四、茶文化研究成果发表园地不断丰富

学术期刊是学界展示研究成果、交流学术信息的重要平台。如今已经有了多

个专业性茶文化杂志和茶叶类期刊，为茶文化研究提供了有力支持。例如，《茶博览》《河北茶文化》《民族茶文化》《陆羽茶文化研究》《贵州茶叶》《中国茶叶》《茶叶通讯》《茶业通报》等都是刊登茶文化论文成果的重要园地。

茶文化学科具有很强的跨学科特性，是涉及文学、宗教学、哲学、历史学、社会学、民族学等学科的交叉学科，相较于这些学科，茶文化学科的学科基础较为薄弱，并且至今没有明确其学科归属。相应地，从其相邻学科的视角出发对茶文化开展研究，可以得到多元的研究成果，从而拓展了其研究范畴和学科边界。所以，除了专业性茶文化杂志和茶叶类期刊，其相邻学科的刊物，如《文史哲》《中国农史》《农业考古》等，以及地方和学校的学术期刊、报纸，也为茶文化研究成果展示和学术交流提供了阵地。

除了报刊，很多出版社，如清华大学出版社、社会科学文献出版社等也关注到了茶文化热潮，出版了很多优秀的茶文化论著。

五、茶文化（国际）学术交流活动频繁开展

学术交流活动也为学术交流和学术进步提供了助力。在茶文化学术交流活动，尤其是国际性活动中，专家学者汇聚一堂，分享各自的学术观点，讨论热点话题或者疑难问题，探讨学术发展趋势……促进了茶文化的创新与学术进步，推动了中国茶文化在世界范围内的传播。国际茶文化研讨会是最具分量的茶文化学术交流活动，每两年举办一次，已经形成了良好的学术传统。此外，颇具影响力的还有法门寺茶文化国际学术研讨会，其也为中国茶文化研究做出了重要贡献。

茶文化的创新发展、广泛传播和实际应用，离不开茶文化学术研究。佛教文化在如今和平安定的国内局势下再次兴盛，佛教文化与茶文化交融形成的禅茶文化自然越发受到学界的重视，也出现了很多禅茶文化主题的学术交流活动，如世界禅茶文化交流大会，其于 2005 年在河北柏林禅寺首次举办，之后不仅在国内的长兴寿圣寺、黄梅五祖寺等地举办，还在韩国首尔举办，汇集了中、日、韩、美等国的禅茶文化学者和爱好者，是盛大的国际性禅茶文化交流盛会。世界禅茶雅会也是具有国际影响力的禅茶文化交流盛会，至 2023 年已举办了 23 届。如今，各地的寺院都积极参与和举办禅茶文化学术交流活动，促进了禅茶文化的发展。

此外，近年来，哲学界颇为关注茶文化，积极探索和研究茶道哲学，尝试将

其构建为应用哲学分支学科，这拓展了茶文化研究的范围，使得茶道哲学逐渐成为茶文化学术研究的新领域，也催生了相应的学术交流活动，其中“全国茶道哲学高峰论坛”具有很大的影响力。随着“一带一路”建设的推进，出现了越来越多的常态化的以“一带一路”、茶马古道为主题的茶文化学术交流活动。这些主题各异、规模各异的茶文化学术交流活动的举办，促进了茶文化研究的开展，对于茶文化学术繁荣和“百家争鸣”具有重要意义。

如今，中国茶产业持续高速发展，中国茶文化不断发展和传播，中国茶文化资源不断被挖掘、开发、创新，带动了茶文化研究的热潮；促使茶文化研究队伍不断壮大、茶文化学术组织机构不断增多，开阔了茶文化研究的视野。茶文化研究的活跃直接推动了茶文化的学术进步和学术繁荣，带动了茶文化基础理论体系的完善、文献史料的丰富和学科建设的开展。由于茶文化作为交叉学科，在研究上呈现出越发显著的跨学科特性和趋势，茶文化与文学、美学、哲学、社会学等人文社科学科的交融更加紧密和深入，使得茶文化延伸出更多的分支学科，如茶文学、茶美学、茶哲学、茶社会学等，拓展了茶文化学科体系。

第二节　茶文化体系

一、茶文化体系的构成

茶文化的主要载体为产业，是人文与社会科学结合的产物，指的是人类在历史上所创造的与茶有关的物质和精神财富的总和。因此，茶文化体系既包含人文学科的内容，又包含社会学科的内容；既包含物质形态的文明，又包含精神形态的文明。

换言之，茶文化可以理解为，饮茶活动中体现的人们对品茗的高品位精神追求。茶文化是中华传统文化的有机组成部分，与其他传统文化深刻交融，既体现了儒家的中和之道、入世思想，又反映着道家的审美理念和哲学思想，深刻影响和塑造着古代文人的精神世界，也是普遍而独特的民间习俗。中国茶文化具有明显的综合性，是儒释道交融的产物。古人将茶的幽香、回甘、清神志等物质特性与中国传统美德相联系，形成了茶之精神、茶之美德，将简单的饮茶升华至文化层面，升华至道的境界。由此茶文化不仅是一种物质文明，还是一种精神文明。

二、茶文化体系的核心思想与茶人精神

（一）茶文化体系的核心思想

在中华民族数千年的社会历史发展和积淀之下，中国茶文化发展为一个多民族、多社会结构、多层次的体系，“通过饮茶，佛家的禅机，道家的清寂，儒家的中庸与和谐，都能逐渐渗透在其中”。[①]最初，佛家饮茶只是因为茶可以养生保健，清思醒神，直到禅宗赋予了茶佛家的思想精华，将茶理与佛理联结、贯通，由此禅的哲思和精神与茶的精神文化融合。道家则更倾向于以茶自娱，通过饮茶获得人与万物合一的感受。儒家对于茶文化的浸润是最深刻、最广泛的，是茶文化的思想主体，赋予了茶和茶事活动中和思想、人伦之理，赋予了其廉洁、清雅、入世、秩序、仁爱、友谊、礼仪等文化内涵。儒家认为通过饮茶能够自我反省、自我审视，对自己形成清醒的认识，进而正确地对待他人；给饮茶注入为人处世的人生哲学，将其升华至哲学层面，进而形成了茶德、茶道，这也是中国茶文化中的最高层次和最核心内容。由此观之，中国茶文化以儒家的中和思想为核心，并且融入了道家“自恣以适己”“人与万物合一”的无形式、无常规的自然之“和”，以及佛家超越现实、万物皆空的规范之“和”。

1. 佛家思想与茶文化

佛教发源自印度，自汉代传入，并本土化，形成具有中华民族特色的佛教。整体上看，佛家以诸恶莫作、众善奉行、自净其意为教旨，换言之，倡导人们通过修行去除烦恼、止恶行善。佛家最初饮茶就是利用茶来修行，一方面，僧人每天都要打坐参禅，饮茶有助于僧人保持清醒、驱除困意，更好地参悟禅理，另外，僧人有不食荤腥的戒律，容易营养不足，而饮茶有助于补充营养；另一方面，饮茶有助于清神思，有助于修心。所以，佛家有饮茶的习惯，在这一过程中，佛家思想逐渐与茶文化融合，形成禅茶文化，强调“茶禅一味”。禅指心注一境、正审思虑，沏茶、饮茶可清神静心，唯有神清心静，才能够沏出好茶，才能够品出茶的真味。所谓“茶禅一味”就是指饮茶和修禅是一致的。佛教赋予了茶文化“修心”的思想。在饮茶过程中品味美好、感受精神愉悦、找到精神寄托，进而开悟，饮茶可参悟佛理禅机，由此佛家思想与茶文化相互联结，融为一体。“茶道”一词最早出现在唐朝僧人皎然的《饮茶歌诮崔石使君》诗中，诗人将饮茶分成了三个境界：涤昏、清神、得道。魏晋南北朝政治晦暗，佛教思想流行，至唐朝佛教

① 王玲：《中国茶文化》，中国书店 1992 年版，第 13 页。

是茶道的最高境界，反映了茶事与儒家思想之间的联系，也反映了茶人对于儒家中和之道、和谐思想的深刻理解和崇尚。

（2）儒家之“礼”在茶文化中的体现

自孔子开创儒家学派开始，儒家就极为推崇“礼”，将“礼”视为为人处世、治国理政、实现社会和谐的重要途径。所谓“礼”指的并不仅仅是礼仪、规范，而是一种理想的人生状态。若是人人行之以“礼”，自然会世界大同。“礼”要求人在与人交往时保持谦虚礼让的精神，它是对人的一种无差别的平等的尊重，而不因贫富等级而异。同时，“礼”也是对人与自我关系的一种协调，能够使人调节内在秩序，坦荡大方。儒家思想是中国古代的主流思想，其对“礼”的崇尚，融入了从古至今每个中国人的文化血脉，使得中国人自觉地重视和遵循“礼”的要求，言行举止、待人处事都力求合礼。所以，中国一直被称为“礼仪之邦”、文明之国。从古之君子到今之模范，都是“礼”的践行者，体现了中国古代“礼”文化的传承与发展。传统茶礼中讲究主宾谦让、长幼有序，这也是儒家思想的一部分。

茶文化中的“礼”可以理解为秩序、仁爱、尊敬和友谊。中国自古以来就有以茶敬客的待客礼仪，王蒙“茶汤敬客”、恒温“茶果宴客”、陆纳“茶果待客”被视为佳话。当客人来临，奉上一杯清茶，不仅表现了以茶会友的诚挚之情，又表现了对客人的尊敬。以茶敬客的礼节至今仍在中国社会中延续，尤其是串亲访友的春节，家家户户都会提前准备好茶水和杯子，每有客至，便倒上一杯。主人以茶敬客传达出尊敬友爱之意，展现出文明礼貌风范，茶叶需为家中上品，茶具和环境需干净卫生，在礼茶的动作、仪式与姿态中，展现出中国礼仪传统与大家风范。乃至敬茶举杯也有一定的顺序要求，如需先敬茶给长辈、领导等。茶文化中的“礼”在礼仪之中体现了为人处世之道，通过茶礼可以看到社会治理中“礼”的重要性和作用。茶文化浸润和充分体现了儒家思想中“礼”的精神。孔子主张以“礼”治国，认为不管是天子，还是平民百姓，都应当遵守“礼”，以此为社会道德和行为规范，以规范人的行为，感化人内省。茶文化对“礼”的重视无疑是对儒家重礼的一种体现。

（3）儒家之“廉”在茶文化中的体现

“廉”是儒家政治伦理思想的重要组成部分，指的是清廉、勤政、廉洁奉公、节俭等品德。古代的文人士大夫推崇清廉高洁的品德，讲究廉以养德，廉以立身。“廉”的精神内涵与茶的自然物质属性十分契合，一杯清茶，两袖清风，传达出的是廉洁清雅的志向，因而，古代的文人士大夫习惯饮茶，以茶明廉，以茶养志。

东晋时期，贵族喜好歌舞宴乐，攀比成风，一些士大夫为时局所困也放任自流，沉迷于玄谈、奢侈，而儒家学者则逆流而立，推崇和践行晏子饮食俭朴的精神，通过饮茶来表示和涵养自身的廉洁精神，对抗当时奢侈的社会风气。儒家将茶的清淡与“廉”的精神相联系，通过饮茶来修身、自省、励志、养浩然之气。中国古代有茶宴，现代则有茶话会，在很多交际聚会活动中，如座谈会、迎新会、庆功会等，都会准备清茶一杯，再加上简单的水果点心，庄重而不奢侈，清廉而不寒酸，深刻体现了儒家“廉”的精神内涵。

不管是古代清官实行廉政，还是现代人反腐倡廉，都会选择茶，以茶明廉。礼茶人通过饮用清茶，可以在清淡回甘的茶味中自省，更深刻地认识自己、认识他人，蕴养廉洁克己、为公为民的精神，了解他人的苦难，以包容的心态对待他人和社会，从而实现和谐。在古人眼中，茶不仅是一种简单的饮品，更是一种高尚的精神境界的体现，通过饮茶自悟自省，在悠长余味、淡淡茶香中体味淡泊、悠然、静好之美。饮茶可以清神、静心，使人身处浮华喧嚣而遗世独立，享受岁月静好。茶是自然孕育的宝物，茶叶是自然之精粹，以淡淡香气洗涤人心，散发着无尽的生命力。茶树生长于深山，受日月精华、朝露夕雨的滋润，养天地之正气，俭朴清正。古人在饮茶的过程中，品味和走进茶的本质，将其与自身道德修养相联系，通过饮茶感悟人生。

古人将茶品与人品、茶性与仁德相联系，形成了茶德、茶精神，反映了茶文化中所蕴含的儒家所倡导的清廉、高洁的精神内涵。通过饮茶感受淡泊宁静的精神境界，正是茶文化中“廉”精神的表现。茶道就是茶德，以茶明廉、养性，茶人之所以爱茶，爱的就是茶清廉高洁之品性，爱的就是茶淡泊明志的君子品格。

儒家思想是中国传统文化的核心，自先秦时期传承至今，历经数千载仍旧保持着旺盛的生命力，塑造着中国人共同的民族性格、民族心理。中国茶文化与儒家思想融为一体，影响着一代又一代的中国人，是中华传统文化的瑰宝。如今茶文化研究渐成热潮，深刻挖掘和大力宣传茶文化中的儒家思想精髓，有助于优秀传统文化的传承和弘扬，有助于茶文化的海内外传播，有助于中华茶艺的复兴，也能够间接促进茶产业经济的发展。所以，儒家思想是茶文化体系中的核心思想，对于中国茶文化的弘扬具有重要意义。

（二）茶文化体系的茶人精神

茶文化发展过程中不仅出现了很多独特的文化现象，还形成了一个独特的群体——“茶人”，茶人与茶紧密相关，在茶的生产和文化活动中，逐渐积淀、形成和体现出一种独特的精神气质，也就是"茶人精神"。"茶人精神"一方面来源于茶树、茶叶的自然属性，如坚韧；另一方面来源于一代代茶人在与茶相关的生产和文化活动中形成的高尚形象、独特品质和社会追求。

茶人是茶文化发展过程中所形成的特殊群体，茶人的形成是茶文化的文化内涵深层次化、茶产业专业化的产物。根据相关文献资料记载，这一概念可追溯至唐代陆羽所著的《茶经》，用以指代采茶、制茶的人。唐代时期，茶文化兴起，茶产业快速发展，采茶制茶需要大量人力，由此细化出了很多相关职业。所以，"茶人"概念也不断拓展，包含了更广的范畴。目前学界对于"茶人"的定义主要分为狭义和广义两种。

"茶人"概念，狭义上是指从事与茶相关的富有艺术性、思想性和道德性的工作的专业人士，也就是精于茶道之人；广义上是指爱茶之人，即使不从事茶的相关工作，只要爱茶，就可以算作茶人，其范畴十分广泛。从广义上看，在茶史上做出了重要贡献，创造了与茶文化相关的创新性成果的人，都属于茶人。

而所谓的"茶人精神"，是"茶人道德情操、品行修养、个人风格和精神面貌等的集中体现"[①]。可以很明显地看到，茶产业的发展带动了茶人群体的壮大，直接促使着"茶人精神"的形成、丰富和发展。茶产业不断发展，吸引更多的人从事相关工作，使得更多的人爱茶，这些人在采茶、制茶、烹茶、饮茶等活动中逐渐形成了特定的共同价值观和文化认同，由此茶人群体不断壮大。茶人在茶产业中的实践和交往，使得"茶人精神"获得了形成和发展的基础养分，从而不断丰富、延续和发展，成为茶文化中的重要组成部分。"茶人精神"的形成是多元因素相互作用的结果。

首先，"茶人精神"的形成与茶树、茶叶的自然属性、生命特质有着密切的关联。茶树生长于高山，表现出坚韧的品格和奉献精神，这些精神特质为茶人所认同，并为代代茶人所传承。茶人在日常生活实践中不断践行这种精神，使之强化和升华。

其次，"茶人精神"形成于历代茶人的实践活动。历代茶人一直从事茶的生产和文化活动，或研究茶树的栽培，或研究茶叶的制作，或进行茶文化活动，在实践中形成了独特的价值观和行为准则，直接体现了茶人对高尚品德的追求，对社会责任的承担和对文化的传承发展等。历代茶人在这一过程中，形成了一种高尚、独特的精神气质，融汇成了"茶人精神"。

---

① 张凡、蒋敏、韦玲玲等:《钱樑：茶人精神的首倡者和实践者》,《茶业通报》2020 年第 1 期，第 46—48 页。

在不同的历史时期，由于时代背景、个人经历、社会文化等的差异，茶人所塑造的“茶人精神”被打上了深刻的时代烙印，具有鲜明的时代特色。“茶人精神”的代代传承和发展，激励着从古至今的代代茶人奉献于茶产业和茶文化，推动了茶产业的繁荣壮大以及茶文化的传播和弘扬。

古代社会中，茶叶最初是作为一种药来使用的，以缓解身体不适，这一过程中形成了初步的“茶人精神”——一种基于自然观察和生存本能的生活态度。而后，发源自南方地区的茶逐渐传播到更广阔的地区，在相关的社会实践中，茶与各种社会文化因素充分互动，一方面丰富和深化了茶文化的内涵，提升了茶文化的精神层次，另一方面为“茶人精神”的形成奠定了基础，由此，茶不再是一种用于治疗、满足生存需求的药，而是升华为对精神享受和生活品质的追求。直至唐代，“茶人精神”正式形成，茶圣陆羽撰写《茶经》是其标志。在中国茶文化的发展历程中，陆羽可以说是一个里程碑，为茶文化的发展做出了重大贡献，其在《茶经》中明确提出了“精行俭德”的茶人德行标准，这是“茶人精神”的核心，由此，“茶人精神”、茶德理念开始变化发展，成为此后茶人数千年遵循和追求的品德典范。苏轼不仅是宋代著名的文学家，也是著名的茶人，在《叶嘉传》中，将茶拟人化为主人公“叶嘉”，塑造了一个淡泊名利、一心为公、忠君爱国的形象。“叶嘉”不仅是茶的化身，也是茶人的化身，既展现了茶人积极入世、为国为民的精神，也展现了其清静无为的道家哲学理念，这种看似对立的双重精神，就如茶叶在茶汤中浮浮沉沉的姿态，蕴含着积极把握现实同时随和淡泊的生活哲学。至明朝后期，茶人重视茶的“本真”，在茶汤中不添加其他配料，而追求其本真的香气、味道和颜色。这种追求不仅强调了茶的自然属性，还反映了崇尚自然、真实，追求质朴生活的“茶人精神”。回顾“茶人精神”的形成发展历程可以发现，古代茶人所展现的如精行俭德、淡泊名利等精神面貌、道德追求，实际上与儒家所推崇的道德标准在本质上是一样的。由此言之，茶人和文人可以看作同一群体，所以茶人的实践中所形成的茶文化、“茶人精神”自然也就蕴含和体现着中华传统文化的特有精神。

清代末年，茶产业发展受到阻碍，不仅无法有效拓展海外市场，还难以进行技术创新。同时，不稳定的社会局面导致福建、浙江、云南等茶叶产区难以稳定生产，茶叶产量急剧下降。而欧洲国家经历了工业革命，制茶技术不断更新，使品质不断提升，抢占了国际市场，挤压了中国茶叶的生存和发展空间。国家的综合实力和前途命运直接关系着茶产业、茶文化的发展，只有国家强大，茶产业、茶文化才能兴盛。面对中国茶业内外交困的局面，一批目光远大的近现代茶人如吴觉农、钱梁等发愤图强，为挽救中国茶业奔走，著书立说、建设茶叶质量检验体系、兴办茶叶改良场，推进了中国茶业的现代化进程，实现了中国茶业的复兴。这些茶人所展现出的为国担当的精神、以茶业救国的追求，正是“茶人精神”的精华，也是民族精神的精华，当代茶人应当积极学习和传承这种“茶人精神”，推动中国茶业、茶文化的繁荣，为推动国家建设和发展贡献力量。“茶人精神”有着丰富的内涵，既包含无私奉献、造福人类、淡泊名利、胸怀广大的精神品质，又包含将振兴中国茶业作为终身事业的使命感、责任感，积极进取、开拓创新的精神。

现在，我国已经全面建成小康社会，实现了第一个百年奋斗目标，正处于全面建设社会主义现代化国家、向第二个百年奋斗目标进军的发展阶段。此时，中国茶业也迎来了巨大的发展机遇。在当代社会实践中，“茶人”概念进一步拓展和丰富，“茶人精神”也发展出新的时代内涵。其包括艰苦创业、奋发图强、自力更生的实干精神，精益求精、追求卓越的工匠精神，积极探索、勇于创新的开拓精神，求同存异、协同合作的包容精神，廉洁奉公、不慕名利的高尚精神，等等。

面对国内国际新局势，我们应当积极传承、创新和弘扬“茶人精神”，积极承担复兴中国茶文化的历史使命，不断学习和体悟中国古代茶文化，增强文化自信，保持积极向上的态度，从而开展丰富的茶事活动，研究茶产业发展道路和茶文化内涵，促进茶产业的发展和茶文化的创新，将中国茶文化推向新的高峰。

三、茶文化体系的素质教育功能

中国茶文化之所以升华至人文精神的层次，是因为古人将茶的自然物质特性与中国传统美德相联系，赋予了茶叶和茶事活动古人所推崇的道德品质和人格精神。饮茶不仅是饮用一种饮品，还是一种精神享受，能够去除身体不适、保健养生，还能够修身养性、陶冶情操，提升审美情趣，使人自觉追求一种高尚的道德标准，促进人与自我、他人、社会、自然和谐相处。由此得出，茶文化具有素质教育功能。不同于一般的课堂式的道德教育，茶文化教育更加方便和深入，能够全面地影响人、塑造人。茶文化教育有助于塑造良好的人格，有助于引导大学生形成积极向上的人生态度，进而感悟人生的美好，体味人生的真谛。

（一）茶德思想可引导学生树立正确的人生态度

大学生往往身心发育得还不够成熟，尚未形成稳定的“三观”，很容易受到负面思想的影响，能否树立正确的人生态度对其未来的发展道路有着至关重要的影响。如今，我国正处于社会转型的关键阶段，网络上存在很多虚假信息、消极的价值观，冲击着大学生的思想认识。部分大学生的承压能力差，面对学习、情感、人际交往等方面的困难，很容易出现自卑、焦虑甚至是忧郁情绪，难以及时有效地自我疏导和调节。所以，大学生的思想道德教育非常重要，学校开设茶文化课程，讲授茶德思想，有助于学生自我反省、自我审视，更加全面地认识自己，进而进入一种和谐的生活状态。由此观之，茶德思想可以引导大学生树立积极向上的人生态度，启迪其未来人生道路的选择。

（二）茶道精神有助于大学生处己立身

人无信不立，人无义则亡，人生于世必须具备仁义、诚信等基础道德品质，并且这也是一种宝贵的资源。我们可以看到，现代社会商品经济快速发展，逐利思想蔓延，社会中存在着诚信危机。学校教育必须重视诚信教育，以茶道精神感染、教育大学生，使之自觉守信，并学习茶道中的礼仪精神，使大学生学会如何为人处世，夯实立身之本，从而适应社会生活，走出自己的独特人生道路。

（三）茶道精神有助于大学生内省自律、自我完善

茶文化实际上就是从品茶过程中获得的人生感悟，通过茶的自然属性，审视自己的人格属性，在两者的相互关联中获得思想上的升华，通过饮茶自我审视、自我反省，更深刻地认识自我，并约束自己，不断自我完善，最终实现自我超越。以茶文化开展的素质教育是一种以人为本的教育，是对人生智慧的启迪。茶的生命特性与人的成长过程有着一定的联系，茶文化教育可以引导大学生感悟人生、独立思考、扫除心理障碍，启发大学生自觉树立和践行自己的人生理想，自觉追求高尚的道德情操。学习和体会茶文化，参与茶事活动，以茶会友，以茶论道，品味茶香茶味，有助于大学生缓解精神压力，放松身心，回归静心状态，从而在接下来的学习和工作中，保持良好的精力和情绪，面对挑战不畏惧、不回避，从容地做出人生选择，不断自我完善和发展。

（四）茶人精神有助于培养大学生的奉献精神

茶是天然饮料，并且是最早出现的、普及最广泛的天然饮料，原始时期茶就已经被人们所利用，可见茶的无私奉献精神。茶树可以适应多种环境，生长于山石瓦砾之间，不惧风霜雨雪，常采不败，常散芬芳，养天地之正气，保人类之健康。茶人亦是如此，他们淡泊名利，不汲汲于富贵，不追求香车宝马、高屋美服，而是默默无闻地从事中国茶业，清廉奉公，无私奉献。社会主义现代化建设需要的

正是这样可以埋头苦干的人才，大学生是民族的未来，是国家建设的生力军，应当具有这种精神。以茶文化开展素质教育，开设茶文化课程，用茶人事迹激励大学生，培养他们淡泊名利、勤劳肯干、无私奉献的精神，使之自觉投身于社会主义现代化建设。

（五）茶文化有利于大学生丰富自身知识结构

茶文化是中华优秀传统文化的有机组成部分，与古代文学、哲学、美学、宗教学、民族学等有着密切的联系。饮茶实际上是一个感受艺术、陶冶情操、升华思想的过程。开展茶文化教育，不仅可以使大学生学习茶树栽培、茶叶制作等知识，还能够使大学生了解茶史、茶文学、茶哲学、茶美学等方面的知识，提升大学生的文化素养和审美素养，完善其知识结构。讲授茶艺、茶道，可以使大学生了解与茶相关的礼仪、艺术、道德等；展示茶诗、茶画，可以增长大学生的人文知识，提升大学生的艺术创造能力；讲解茶史，可以使大学生了解古代生活从社会制度到民风风俗的方方面面，感受时代变迁。总之，茶文化博大精深，开展茶文化教育可以拓展学生的知识面，完善其知识结构。

茶文化是一个内容丰富、内涵深刻的综合体系，与多个人文社科类学科相互交叉，并且随着现代学科知识的发展，延伸出了多个分支学科、边缘学科。大学生学习茶文化与自身专业结合的交叉学科，可以掌握新知识、拓展知识结构，以及培养自身的专业兴趣、提升自身的专业素养。

总结：中国文化视域下，茶已超越自身的物质属性，升华至精神层面，成为一种道德修养、一种人格力量、一种精神境界。茶文化体系具有丰富的素质教育功能，有助于提升大学生的基本素质。我国古代茶文化以德为中心，强调以茶修身养性、涵养情操、提升道德，关注人的群体价值，主张中和之道，崇尚无私奉献、淡泊名利的精神。如今，茶文化事业快速发展，很多高校开设了茶文化专业或者课程，设立了茶文化学术组织机构，将茶文化体系与素质教育融合，能够有效发挥茶文化的素质教育功能，提升学校素质教育的实效性。茶文化教育不同于一般的学科教育，需要长期实施才能够取得成效，因此，应当将茶文化与校园文化相融合，将茶文化教育作为长期活动；还可以在茶学专业课程教学中融入茶文化内容，在传授专业知识的同时，潜移默化地以茶文化提升大学生的个人素质，使之树立正确的“三观”，受到美和德的熏陶。

第二章　茶文化概述

茶文化是在种茶、采茶、炒茶、饮茶、茶事交流的基础上形成的一种独特的文化。中国茶文化是源远流长的传统文化，其历史始于数千年前的古代中国。中国人将茶视为宝贵的礼品，并赋予了其很高的文化价值，它不仅是一种饮品，更是中国文化和哲学的重要组成部分。

中国茶文化具有丰富多彩的内涵，包含茶艺、茶礼、茶俗、茶禅文化等。茶艺是指泡茶的科学技术和艺术表现，是一门理、法、器、易、风五个方面的学问；茶礼是指泡茶环节中的言谈举止、礼仪规矩等，反映了文化及社会习惯；茶俗是指许多传统用茶的习俗和民俗活动等；茶禅文化是指茶道中融入禅宗的思想和修行方式，强调的是宁静、专注、意识冥想、自我反思等。

中国茶文化是中华民族优秀文化的重要组成部分，代表了中国人独特的审美情趣和智慧。它不仅是中华文化的历史见证，也是现代生活中不可或缺的一部分，为人类文明进程做出了不可磨灭的贡献。在茶文化的背后，是中国几千年来的哲学思想和生活哲学，同时也展现了中华文化的审美。中华茶文化博大精深，充分发挥它的功能与作用，必将促进茶业事业的发展，促进人类的文明与进步，为社会发展做出积极的贡献。

本章概要叙述了茶文化，从三个方面进行了叙述，分别是茶的起源、中国茶区与茶叶的分类、茶文化的含义与特征。

第一节 茶的起源

自古以来，茶经常出现在中国老百姓的生活中。中国茶叶随着丝绸之路传到欧洲，逐渐为世界所熟知，与丝绸、瓷器等，被认为是共结友谊的纽带。

在 19 世纪之前，茶树源于中国已经成为世界公认的事实。但是，在 1824 年，英国人在印度发现野生大茶树之后，有人开始质疑中国是茶树的原产地这一结论。直到 1935 年，植物学家瓦里茨博士和格里弗博士对印度野生大茶树展开研究之后发现，当地所发现的野生大茶树是中国传入印度的茶树之变种。不同国家的不同学者也对此发表了同样的结论，自此，中国被确认为茶树的原产地。

我国著名茶学专家庄晚芳对茶树历史的发展、野生大茶树的分布等方面进行了深入研究，认为茶树的原产地在我国的云贵高原区域。

唐代陆羽所著的《茶经》曰："茶者，南方之嘉木也，一尺、二尺乃至数十尺。其巴山峡川有两人合抱者，伐而掇之。其树如瓜芦……" 从中可知，野生大茶树在唐朝就已被发现。而到现代，我国在南方各主要的产茶省都发现了野生大茶树。云南千家寨有一棵 2700 多年历史的茶王树，树高 25.6 米，树基 1.12 米。

2017 年，人们在云南省新平县哀牢山中部的大帽耳山发现了一株古茶树，专家初步估算树龄在 1000 年以上，属野生型乔木古茶树。

我国近代在云南、贵州、四川、广西、湖南等 10 个地区共发现的野生大茶树有 200 多处，大部分分布在西南地区。中国西南部山区的野生茶树，其类型之多、数量之大、分布面积之广，均是世界上罕见的，而这恰恰是原产地植物最显著的植物地理学特征，是世界上任何地区都无法比拟的。

那么，茶是如何被发现并被利用的？比较统一的说法是神农氏发现了茶。神农尝百草，日遇七十二毒，有一次神农吃到了一种有毒的植物，后来用茶解开了毒，这说明茶最早是被作为药引入的，具有很好的解毒功效。

另一个和茶叶的发现、发展有关的人是陆羽。陆羽，唐朝人，他在亲自调查和实践的基础上，认真总结并悉心研究了前人和当时茶叶的生产经验，完成了世界上第一部茶叶专著《茶经》，因此被尊为"茶圣"。有句俗语："自从陆羽生人间，人间相学事春茶。"这也证明陆羽的重要程度。《茶经》是陆羽在各大茶区观察了茶叶的生长规律、茶农对茶叶的加工，进一步分析了茶叶品质的优劣，学习了民间烹茶的良好方法后完成的。《茶经》是中国乃至世界上现存最早、最完整、介绍茶介绍得最全面的一部专著，被誉为"茶叶百科全书"，是一部关于茶叶生产的历史、技术以及饮茶技艺、茶道原理的综合性论著。

从《茶经》中记载的对佛教的颂扬和僧人嗜茶的内容来看，茶道和佛教有着很多共同之处，禅茶也在此基础上产生。

陆羽根据《神农本草经》等古代文献中的记载认定饮茶起源于神农时代，现在虽然认为神农氏是神化的人物，但是就目前与之相联系的有关原始时代的各种事物的发明来看，可以证实茶与人类的初次接触，是从距今五千多年前的上古时期，即神农时代开始的。

吴理真被认为是中国乃至世界有明确文字记载的最早的种茶人，是道家学派人物，被称为蒙顶山茶祖、茶道大师。宋孝宗在淳熙十三年封吴理真为“甘露普惠妙济大师”，并把他手植七株仙的地方封为“皇茶园”。

第二节　中国茶区与茶叶的分类

一、中国茶区

我国是茶树的原产地，是世界上最早发现、利用和栽培茶树的国家，也是世界上现存野生茶树最多、最集中的国家。我国茶树的分布范围很广，根据地势、气候、土壤类型及茶树品种等因素，可分为四大茶区，即江北茶区、江南茶区、西南茶区、华南茶区。

（一）江北茶区——最北部的茶区

江北茶区位于长江中下游北部，包括河南、陕西、甘肃、山东等省和安徽北部、江苏北部、湖北北部等地区，是我国最北部的茶区。

从地理位置上看，江北茶区位于江南茶区和北方中间，所以江北茶区的茶文化既包含了江南的精致美，又具有北京茶文化里的贵族范儿。最具代表性的区域是苏北。在苏北，人们称喝茶为“吃茶”，茶宴在这里就是一种时尚，在古香古色的茶馆里，挂上灯笼、用木雕点缀，再配合上锣鼓、戏曲，就是妥妥的一场视听盛宴，尽显江北茶文化的雍容大气。苏北虽属于江苏，但绝大部分境域处于北方，且与儒家文明的发祥地山东毗邻，历史上深受齐鲁文化的影响，形成了重礼尚义的传统。

江北茶区年平均气温为 15—16 摄氏度，年降水量为 700—1000 毫米，是我国茶区里降水最少的茶区，年均空气相对湿度 75% 左右，其东部和南部地区的空气相对湿度大于 75%。该茶区的土壤多为黄棕壤或棕壤，种植的茶树多为灌木型中叶种和小叶种。江北茶区气候变化明显，茶叶品质优良。这里是茶区中唯一一个以种植绿茶为主的茶区。本产地的茶以耐泡、滋味浓厚为特点。代表性茶叶有崂山绿茶、日照绿茶、信阳毛尖、六安瓜片、太平猴魁、恩施玉露等。

1. 崂山绿茶

崂山绿茶是中国绿茶中的经典名品，香韵醇厚宜人，滋味鲜爽独特，需用滚烫的开水泡制。揭开杯盖，提起水壶，倾壶倒水时提腕、压腕，持续三次，细水长流，水柱不竭，这道工序叫“凤凰三颔首”。端起茶碗，先观色、再闻香、后品尝；品茶时三刮莫要忘，越刮茶越香。

刮尘：悄悄刮去漂浮的茶料，喝出的是冰糖消融之后的甜美。

刮香：茶味与辅料的滋味超脱而出，甜香味美。

刮茶：露变幽香，汤色淡淡，润喉解渴。

2. 日照绿茶

日照绿茶汤色黄绿明亮，被誉为“中国绿茶新贵”。因为日照地处北方，昼夜温差极大，因而茶叶生长缓慢，较南方茶具有更多的维生素、矿物质和对人体有益的微量元素。据中国农业科学院茶叶研究所测定，日照绿茶儿茶素和氨基酸的含量分别比南方同类茶产品高 13.7% 和 5.3%，具有“叶片厚、滋味浓、香气高、耐冲泡”的特色。

3. 信阳毛尖

信阳毛尖的色、香、味、形独具特色。其颜色鲜润，香气清新，味道鲜爽、醇香、回甘，从外形上看则匀整、鲜绿、有光泽、白毫明显。优质信阳毛尖汤色嫩绿、黄绿或明亮，味道清香扑鼻；劣质信阳毛尖则汤色深绿或发黄、浑浊发暗，不耐冲泡，没有茶香味。

4. 六安瓜片

六安瓜片的外形似单片瓜子壳，自然平展，叶缘微翘，色泽宝绿，大小匀整，不含芽尖、茶梗，清香高爽，滋味鲜醇回甘，汤色清澈透亮，叶底嫩绿明亮。过去根据采制季节，其可分成三个品种。

谷雨前采制的称“提片”，品质最优；其后采制的大宗产品称“瓜片”；进入梅雨季节，茶叶稍微粗老，品质一般，这段时期采制的称为“梅片”。齐山瓜片分 1—3 等，内山瓜片和外山瓜片各分 4 级 8 等。

5. 太平猴魁

太平猴魁，中国传统名茶，中国历史名茶之一，属于绿茶类尖茶，产于安徽太平县（现改为黄山市黄山区）一带，为尖茶之极品，久享盛名。其外形两叶抱芽，扁平挺直，自然舒展，白毫隐伏，世间流传着这么一句话："猴魁两头尖，不散不翘不卷边。"茶叶中所含的化学成分达500种，具有抗菌、抑菌、减肥、防龋齿等功效。咸丰九年，猴魁先祖郑守庆就在麻川河畔的山中开出一块茶园，生产出扁平挺直、鲜爽味醇且散发出阵阵兰花香味的"尖茶"，冠名"太平尖茶"。猴魁茶界普遍认为"太平尖茶"是太平猴魁的前身。

6. 恩施玉露

恩施玉露是中国传统蒸青绿茶，外形条索紧圆光滑、纤细挺直如针，色泽苍翠绿润。经沸水冲泡，芽叶复展如生，初时婷婷地悬浮杯中，继而沉降杯底，平伏完整，汤色嫩绿明亮，如玉露，香气清爽，滋味醇和。观其外形，赏心悦目；饮其茶汤，沁人心脾。选用叶色浓绿的一芽一叶或一芽二叶鲜叶经蒸汽杀青制作而成。对采制的要求很高，芽叶须细嫩、匀齐。"三绿"——茶绿、汤绿、叶底绿，为其显著特点。

（二）江南茶区——绿茶产量最高的茶区

江南是鱼米之乡，风景秀丽，唐诗宋词所描绘的山山水水赋予了江南独特的文化底蕴，让人心生向往，这里的文化情义绵长，才子佳人的故事广为传颂。风光秀丽的江南物产极为丰富，这里的名山大川孕育出悠久灿烂的茶文化。江南茶区位于长江中下游南部，包括浙江、湖南、江西等省和安徽、江苏、湖北三省南部地区，是我国茶叶的主要产区，也是绿茶产量最高的茶区。

江南茶区气候分明，年平均气温为15—18摄氏度，年降水量在1400—1600毫米，空气相对湿度在80%左右。江南茶区的土壤多为红壤，部分为黄壤或棕壤。该茶区种植的茶树以灌木型茶树为主，生产的主要茶类包括绿茶、红茶、青茶、黑茶、花茶等，以出产绿茶为主。此外，江南茶区有很多特种名茶，如西湖龙井、碧螺春、黄山毛峰、九曲红梅、君山银针等。

1. 西湖龙井

西湖龙井的产地为浙江杭州，西湖龙井外形嫩叶包芽、扁平挺直、匀齐光滑，色泽翠绿，微带嫩黄。它素以"色绿、香郁、味甘、形美"四绝著称。茶汤汤色清澈明亮，香气清高持久，滋味甘鲜醇厚，叶底嫩匀成朵。特级西湖龙井外形扁平挺直，色泽嫩绿光润，香气鲜嫩清高，滋味鲜爽甘醇，叶底细嫩成朵。清明节前采制的龙井简称"明前龙井"，美称"女儿红"。

2. 碧螺春

碧螺春产于江苏省苏州市吴县太湖的东洞庭山及西洞庭山（今苏州吴中区）一带，所以又称“洞庭碧螺春”。条索纤细、卷曲、呈螺形，绒毛遍布全身，色泽银绿隐翠，毫风毕露，茶芽幼嫩、完整、无叶柄、黄叶和老片。碧螺春有浓烈的芳香，即具有花果香味，泡开后滋味鲜醇、回味甘厚，汤色嫩绿，幼芽初展，芽大叶小。

3. 黄山毛峰

黄山毛峰产于安徽省黄山（徽州）一带，所以又称徽茶。该茶外形微卷，状似雀舌，绿中泛黄，银毫显露，且带有金黄色鱼叶（俗称黄金片）。入杯冲泡雾气结顶，汤色清碧微黄，叶底黄绿有活力，滋味醇甘，香气如兰，韵味深长。由于新制茶叶白毫披身，芽尖锋芒，且鲜叶采自黄山高峰，遂将该茶取名为黄山毛峰。

4. 九曲红梅

九曲红梅产于杭州西南郊区的湖埠、双灵、张余、冯家、社井、上阳、仁桥一带，尤以湖埠大坞山者为妙品，又称九曲乌龙，属红茶类。九曲红梅系工夫红茶，外形条索细若发丝，弯曲细紧如银钩，抓起来互相勾挂呈环状，披满金色的绒毛；色泽乌润；滋味浓郁，香气芬馥；汤色鲜亮，叶底红艳成朵。

5. 君山银针

君山银针产于湖南岳阳洞庭湖中的君山，形细如针，故名君山银针，属于黄茶。其成品茶芽头粗壮，大小均匀，茶芽内面呈金黄色，外层白毫显露完整，而且包裹坚实，茶芽外形很像一根根银针，雅称“金镶玉”。茶汤色泽金黄光亮，滋味甜爽，冲泡后芽尖冲向水面，悬空竖立，然后徐徐下沉至杯底，形如群笋出土，又像银刀直立。假的君山银针有一股青草味，泡后银针不能竖立。

（三）西南茶区——最古老的茶区

西南茶区位于我国西南部，包括贵州省、云南省、四川省、重庆市及西藏自治区东南部等地区，是我国最古老的茶区。

西南茶区大部分地区属亚热带季风气候，冬季较为温暖；年降水量在 1000 毫米以上，空气相对湿度大于 80%；土壤状况较为适合茶树生长，其中，四川、贵州和西藏东南部多以黄壤为主，云南多为赤红壤、山地红壤。该茶区栽种的茶树多为灌木型和小乔木型，主要生产红茶、绿茶、黄茶、黑茶、花茶等。西南茶区比较有名的茶有蒙顶甘露、竹叶青、普洱、都匀毛尖等。

1. 蒙顶甘露

蒙顶甘露，位居中国六大茶类之列，属于炒青绿茶品类，其发源地乃风景秀美的四川雅安蒙顶山。这款久负盛名的古老茶种，自唐王朝起便荣登皇家贡品名录，此荣耀绵延至清代未曾中断。

它通常采撷初春时节的单芽或初展的一芽一叶，芽叶纤细且富含白毫，形态紧结蜷曲，犹如碧玉般玲珑剔透，与江南名茶碧螺春在外形上颇有异曲同工之妙。

其干茶造型紧细而富于卷曲之美，银白茶毫熠熠生辉，宛如繁星点缀其间。当热水注入，叶片在杯中苏醒，映现出黄绿澄明的汤色，仿佛春日雨后初晴的湖面。香气清纯悠长，以嫩香为主，品饮之下，滋味鲜醇灵动，回甘持久，恰似春天的晨露般清新怡人。

2. 竹叶青

竹叶青属扁形炒青绿茶，产于四川峨眉山，创制于1964年。“竹叶青”既是茶品种，又是商标和公司名称。该茶于清明前3—5天开采，采摘单芽和一芽一叶初展的鲜叶为原料，适当摊放后，经杀青、做形、摊晾、分筛、辉锅等工序精制而成。成品茶以绿色调为主，含有较多的叶绿素，滋味清醇爽口，饮后余香回甘，是形质兼优的茶中珍品。

3. 普洱

普洱的原料是产于云南特定区域的大叶类晒青毛茶，也就是说，并非所有产自云南的茶都可以称为普洱。

该茶的主要产区分布在云南西南部的澜沧江中下游流域，按口味特点分类，可划分成四大板块：西北茶区（刚）、东南茶区（柔）、东北茶区（苦）、西南茶区（涩）。

古茶树群落分布区域特征：东、北部地区较少；西、南部地区较多；沿澜沧江两岸平行分布；回归线以北受自然条件影响，茶树品种变异明显；大理州以北地区为大叶种向小叶种过渡区域。

西北茶区：冰岛、昔归、勐库、懂过、大雪山、南迫、糯伍、坝卡、大户赛、小户赛、坝糯、坝歪、地界、邦骂、亥公、坡脚、忙肺、茫麓山、邦东、娜罕、丙山、邦改、忙波、那赛、忙蚌、章外、邦协、邦木、邦丙。该区域生态好，古茶树资源多，高纬度、高海拔，气温较低，雨量较少。生长在这一区域的茶受澜沧江滋养，内含物质丰富，香高味浓，气息刚劲，条形肥壮，水浸出物含量高，经久耐泡，具有“刚”的特点。

东南茶区：易武、攸乐、革登、倚邦、莽枝、蛮砖、困鹿山、麻黑、丁家寨、落水洞、刮风寨、弯弓、曼松。该区域被三江（金沙江、澜沧江和元江）包围，所生产的茶内含物质丰富、香气馥郁、入口爽滑，没有太强烈的刺激感，具有“柔”的特点。

东北茶区：千家寨、茫芽、景东、镇沅、小景谷、旱荞地、苦竹山、老乌山、无量、景谷大白茶、小古德、白莺山。该区域茶树散布、稀少，昼夜温差大，受紫外线影响，茶多酚、生物碱合成较多，茶叶具有“苦”的特征。

西南茶区：班章、那卡、景迈、布朗、南糯山、邦盆、贺开、巴达、老曼峨、曼糯、景洪勐宋、勐海勐宋、忙景、帕沙、上允、邦崴。该区域日照充足，雨量充沛，相对湿度大多在 85% 以上，潮湿的自然环境使生产的茶涩味相对突出，所以有“涩”的特征。

4. 都匀毛尖

都匀毛尖是贵州省黔南布依族苗族自治州的特产。它是中国十大名茶之一。1956 年，由毛泽东亲笔命名，又名“白毛尖”“细毛尖”“鱼钩茶”“雀舌茶”，是贵州三大名茶之一。外形条索紧结、纤细、卷曲、披毫，色绿翠，香清高，味鲜浓，叶底嫩绿、匀整明亮。该茶味道好，还具有生津解渴、清心明目、提神醒脑、去腻消食、抑制动脉粥样硬化、降脂减肥以及防癌、防治坏血病和防御放射性元素等多种功效与作用。

（四）华南茶区——最适合茶树生长的茶区

华南茶区位于我国南部，包括福建、广东、广西、台湾地区、海南等地区，是我国最适宜茶树生长的区域。

华南茶区属于热带和亚热带季风气候，除少数地区外，年平均气温为 19—22 摄氏度，年降水量一般为 1200—2000 毫米。其中，台湾地区降雨充足，年降雨量常超过 2000 毫米。华南茶区的土壤以砖红壤为主，部分地区有红壤、黄壤分布，土层深厚，有机物含量高，十分适合茶树生长，有乔木、小乔木、灌木等各种类型的茶树品种。

华南茶区名茶辈出，有福建的安溪铁观音、武夷岩茶、永春佛手、黄金桂、闽北水仙、白牡丹、白毫银针、贡眉、政和工夫、正山小种，广东的潮汕工夫茶、潮州凤凰茶、凤凰水仙茶，广西的桂平西山茶、象棋云雾、桂林毛尖、凌云白毫茶、南山白毛茶、六堡茶、金花茶，台湾地区的阿里山高山茶、富贵牡丹茶、冻顶乌龙、文山包种茶、东方美人茶、阿里山珠露茶、高山茶、日月潭红茶，海南的鹧鸪茶、兰贵人茶、苦丁茶、五指山雪茶，等等。

1. 铁观音

铁观音由福建安溪当地的茶农发明于 1725—1735 年，发源于安溪县西坪镇尧阳山麓，属于乌龙茶类，是中国十大名茶之一，介于绿茶和红茶之间。纯种铁观音植株为灌木型，树势披展，枝条斜生，叶片水平状着生。叶形椭圆，叶缘齿疏而钝，叶面呈波浪状隆起，呈明显肋骨形，略向背面反卷，叶肉肥厚，叶色浓绿光润，叶基部稍钝，叶尖端稍凹，向左稍歪，略向下垂，嫩芽紫红色，因此有“红芽歪尾桃”之称。其属于半发酵茶类，具有一般茶叶的保健功能，还具有抗衰老、抗癌症、抗动脉硬化、预防糖尿病、减肥健美、清热降火等功效。

2. 武夷岩茶

武夷岩茶是中国传统名茶，是具有岩韵（岩骨花香）品质特征的乌龙茶，产于福建闽北“秀甲东南”的武夷山一带，茶树生长在岩缝之中。武夷岩茶具有绿茶之清香，红茶之甘醇，是中国乌龙茶中之极品。武夷岩茶属半发酵的青茶，制作方法介于绿茶与红茶之间，最著名的武夷岩茶是大红袍茶。

3. 苦丁茶

苦丁茶名为茶，实为药，具有“药”的特点，成品茶清香有苦味、而后甘凉。对于有胃寒疾病的人而言，在冲泡时可以和红茶、乌龙茶等热性茶或与人参、桂圆、红枣、枸杞、冰糖等热补药材一并冲泡，这种冲饮方法虽然对苦丁茶的药性有一定的中和作用，但也能具有其他茶、药的优点。夏天还可以与蜂蜜一起冲泡制成苦丁茶甘露，口感极佳，清凉解渴。不过需要注意的是，苦丁茶性寒，因此虚寒体质、风寒感冒者、慢性肠胃炎患者、产妇等均不宜饮用苦丁茶。

二、茶叶的分类

我国茶叶生产历史悠久，品种繁多，根据不同的划分标准，可将茶叶分为不同的类型。

（一）按照采制季节分类

1. 春茶

春茶是指 3 月下旬到 5 月中旬之前采制的茶叶。春季温度适中，雨量充沛，再加上茶树经过了冬季的休养生息，使得春季茶芽肥硕，叶色翠绿，叶质柔软，含有丰富的维生素、氨基酸等。此外，春茶生长期间一般无病虫害，无农药污染，从茶叶品质来看，春茶无疑是最优的。

2. 夏茶

夏茶是指 5 月下旬至 7 月上旬采制的茶叶。夏季天气炎热，茶树的新梢芽叶生长迅速，但也很容易老化。茶叶中维生素、氨基酸的含量减少，且带苦涩味的花青素、咖啡因、茶多酚含量多于春茶，使得紫色芽叶增加，茶叶色泽深浅不一，茶汤滋味较为苦涩，香气也不如春茶强烈。

3. 秋茶

秋茶指 7 月中旬至 10 月中旬采制的茶叶。秋季气候介于春夏之间，茶树经春夏二季采收，内含物质明显减少，叶片大小不一，叶底发脆，叶色发黄，使得秋茶的滋味和香气比较平淡。

4. 冬茶

冬茶指 10 月下旬开始采制的茶叶。冬茶是在秋茶采制后，气候逐渐转冷后生长的。在低温情况下，茶树新梢芽叶生长缓慢，有助于茶叶内含物质的积累。因此，冬茶滋味醇厚，香气浓烈。

（二）按照生长环境分类

1. 平地茶

平地茶一般是指采用生长在海拔 100 米以下地区的茶树树叶制成的茶叶。这些地区通常日照时间长，气温高。茶树的芽叶较小，叶底坚薄，叶色黄绿欠光泽。经加工而成的茶叶条索紧细，身骨较轻，香气稍低，滋味和淡。

2. 高山茶

高山茶一般指采用生长在海拔较高的山区的茶树树叶制成的茶叶。这些地区通常森林茂密，气候温和湿润，雨量充足，土壤深厚肥沃，日照时间短，漫射光多。茶树的芽叶肥壮，叶质柔软，叶色绿，叶片上绒毛多。经加工而成的茶叶，条索紧结、肥硕，白毫显露，滋味浓厚，香气馥郁且耐冲泡。

3. 丘陵茶

丘陵茶一般指采用生长在海拔 100—800 米的丘陵地区的茶树树叶制成的茶叶。其品质介于高山茶和平地茶之间。

（三）按照加工程度分类

1. 基本茶类

基本茶类是指茶树鲜叶经过初制、精制后，不再进行再加工或深加工的茶类。基本茶类可分为绿茶、红茶、黑茶、青茶（乌龙茶）、白茶、黄茶六大类。

绿茶：属于不发酵茶，是我国产量最多、饮用范围最广的一类茶叶，具有“干茶绿、汤色绿、叶底绿”的特点。其外形多样，有条形、圆形、针形、片形等。

红茶：属于全发酵茶，因汤色、叶底均为红色而得名，是目前世界上生产和消费量最大的茶类。其种类繁多，按照外形形状的不同，可分为红条茶（包括小种红茶和工夫红茶）和红碎茶。

黑茶：属于后发酵茶，是我国特有的茶类，主产于四川、云南、湖北、湖南、广西等地。因叶色呈黑褐色，而被称为“黑茶”。根据产地和工艺的不同，其可分为湖南黑茶、湖北老青茶和四川边茶等。

青茶：又名乌龙茶，属于半发酵茶，主要产于福建、广东、台湾地区等地。其成品茶通常具有特殊的香气和韵味，如凤凰单丛具有天然的花香、武夷岩茶具有岩韵等。根据产区的不同，其可分为闽北乌龙、闽南乌龙、广东乌龙和台湾地区乌龙。

白茶：属于微发酵茶，是我国特有的茶类，因外表满披白毫、色白如银而得名。根据茶叶原料（鲜叶）采摘标准的不同，其可分为芽茶（单芽所制）和叶茶（芽叶连枝所制）两种。

黄茶：属于轻发酵茶，也是我国特有的茶类，主要产于湖南、湖北、四川、安徽、浙江和广东等地，具有“色黄、汤黄、叶底黄”的特点。按照原料芽叶的嫩度，其可分为黄大茶、黄小茶和黄芽茶。其中，黄大茶通常由叶大梗长且具有一定成熟度的鲜叶加工而成；黄小茶多以一芽一叶或一芽二叶为原料加工而成；黄芽茶由细嫩的单芽或一芽一叶制成，茶芽肥壮，加工精湛，品质超群，为黄茶之最。

2. 再加工茶类

再加工茶类是指以六大基本茶类为原料，采用一定的方法对其进行再加工而成的茶叶，主要包括花茶、紧压茶及萃取茶等。

花茶：又称窨花茶、熏花茶或香片，是我国特有的一类再加工茶。它主要是用绿茶、红茶或乌龙茶作为茶坯，配以符合食用要求、能够吐香的鲜花（如玫瑰花、桂花、白兰花等）作为原料，采用窨制工艺制作而成的。其集茶味和花香于一体，茶引花香、花增茶味，深得人们的喜爱。花茶的种类很多，通常以所采用的鲜花的名称来命名，如茉莉花茶、玫瑰花茶、栀子花茶、珠兰花茶、桂花茶等。

紧压茶：以红茶、绿茶、青茶、黑茶为原料，经加工、蒸压成型后，干燥而制成的再加工茶，主要产于湖南、湖北、云南、贵州等地。从外形上看，紧压茶丰富多样，包括砖形、饼形、碗形、球形等。

萃取茶：以成品茶或半成品茶为原料，用热水萃取茶叶中的可溶物，然后通过过滤去除茶渣获得茶汁，经过一定的加工，如浓缩、干燥等，制成的固态或液态茶，如罐装饮料茶、浓缩茶、速溶茶等。

第三节 茶文化的含义与特征

一、茶文化的含义

尽管中国茶文化在中唐时期已经形成，但“茶文化”这一名词的出现和被接受是当代的事。

在“茶文化”正式确立之前，王泽农、庄晚芳等已使用“茶叶文化”“饮茶文化”等相近表述。1984 年，庄晚芳先生发表论文《中国茶文化的传播》，首次提出“中国茶文化”。

1990 年 10 月，浙江杭州举办了首届“国际茶文化研讨会”，研讨会的主题是“茶文化的历史与传播”。同年，在江西南昌成立了“中国茶文化大观”编辑委员会，计划编辑《茶文化论丛》《茶文化文丛》。至此，“茶文化”新名词正式确立，并被社会接受。

一个新名词发展到新概念，需要一定的时间。不过，“茶文化”由名词发展到概念的时间很短，这也反映出茶文化发展的迅猛。

1991 年 4 月，王冰泉、余悦主编的《茶文化论》出版，该书收入余悦的《中国茶文化学论纲》，对构建中国茶文化学的理论体系进行了全面探讨。

1991 年 5 月，姚国坤、王存礼、程启坤编著的《中国茶文化》出版，这是第一本以“中国茶文化”为名称的著作。

1991 年，江西省社会科学院主办、陈文华主编的《农业考古》杂志推出《中国茶文化专号》，成为国内唯一公开发行的茶文化研究中文核心期刊。

1992 年，王玲的《中国茶文化》、朱世英主编的《中国茶文化辞典》、王家扬主编的《茶文化的传播及其社会影响——第二届国际茶文化研讨会论文选集》相继出版。可以说，到 1992 年，“茶文化”作为一个新概念被正式确立。

但是作为一个新概念，对其内涵和外延的界定一时难以统一，后来不断有人通过论文、著作对茶文化的概念进行阐释。

陈文华在《中华茶文化基础知识》一书中指出：“广义的文化，是指人类在社会历史实践过程中所创造的物质财富和精神财富的总和，也就是说，人类在改造自然和社会的过程中所创造的一切，都属于文化的范畴。狭义的文化，是指社会的意识形态，即精神财富，如文学、艺术、教育、科学等等，同时也包括社会制度和组织机构。”①

按照文化的层次论，广义茶文化又可划分为四个层次。

物质文化层：人的物质生产活动及其产品的总和，是可感知的、具有物质实体的事物。对茶文化而言，是指有关茶叶生产的活动方式和茶叶消费使用过程中所涉及的各种器物的总和，包括各种茶叶生产技术、生产机械和设备、茶叶产品以及饮茶中所涉及的器物和建筑等。

制度文化层：处理人与人之间相互关系的规范，表现为各种制度。对茶文化而言，是关于茶叶生产和流通过程中所形成的生产制度、经济制度等，如历史上的茶政、茶法等，现代的茶业贸易制度等。

行为文化层：在人际交往中约定俗成的习惯性定势，它以民风民俗的形式出现，见之于日常生活中，具有鲜明的地域与民族特色。对茶文化而言，主要是指各地区、各民族形成的茶俗等。

精神文化层：由价值观念、审美情趣、思维方式等构成。对茶文化而言，是指在茶事活动中所形成的价值观念、审美情趣、文学艺术等。

广义茶文化是指人类在社会历史实践过程中所创造的与茶有关的物质和精神财富的总和，可谓包罗万象。茶文化从广义上讲与茶学的概念相当，茶学包含茶的自然科学、社会科学和人文科学。

《中国茶文化》一书作者王玲主张狭义说，认为“研究茶文化，不是研究茶的生长、培植、制作、化学成分、药学原理、卫生保健作用等自然现象，这是自然科学家的工作，也不是简单地把茶叶学加上茶叶考古和茶的发展史。我们的任务，是研究茶在被应用过程中所产生的文化和社会现象”。②

广义茶文化的内涵太广泛，狭义茶文化的内涵又过于狭隘。因此，我们既不主张广义茶文化概念，以免与茶学概念重叠，也不主张狭义茶文化概念，而是主张一种中义茶文化概念，介于广义和狭义的茶文化之间，从而为茶文化确定一个合理的内涵和外延。

中义茶文化包括精神文化层、行为文化层的全部，物质文化层的部分如饮茶所涉及的器物和建筑等（物质文化层的茶叶生产活动、生产技术、生产机械等不属于茶文化之列）。茶文化是茶的人文科学加上部分茶的社会科学，属于茶学的一部分。茶文化、茶经贸、茶科技三足鼎立，共同构成茶学。

茶文化在本质上是饮茶文化，是以作为饮料的茶为核心所形成的各种文化现

① 陈文华编著:《中华茶文化基础知识》，中国农业出版社 1999 年版，第 96 页。

② 王玲:《中国茶文化 彩图增订版》，九州出版社 2009 年版，第 9 页。

象的集合。具体说来，中义茶文化主要包括饮茶的历史、发展和传播，茶俗、茶艺和茶道，茶文学与艺术，茶具，茶馆，茶著，茶与宗教、哲学、美学、社会学，等等。茶文化的基础是茶俗、茶艺，核心是茶道，主体是茶文学与艺术。

本书所叙述的茶文化大致与中义茶文化相同，不过，其间还夹杂了一些关于茶叶经济、茶叶市场、茶叶商品等方面的内容。

二、茶文化的特征

（一）发展过程的历史传承性

中华茶文化的形成和发展历史非常悠久。早在周武王时期，茶叶就已作为贡品；战国时期，茶叶生产已有一定规模；先秦时《诗经》中有茶的记载；汉朝时茶叶成为佛教“坐禅”的专用品；魏晋南北朝时期，已有饮茶之风；而在隋朝，饮茶开始普及。唐代，茶业昌盛，茶叶成为文人雅士相互赠送的礼品，出现了茶馆、茶宴、茶会，提倡客来敬茶。宋朝，流行斗茶、贡茶和赐茶。明清时期，茶艺进入茶馆，茶叶对外贸易发展迅速。茶文化正是伴随商品经济的出现和城市文化的形成而孕育而生的。虽然每个历史阶段茶文化的内容有一定差别，茶叶的种植栽培技术、加工技术、品饮方法等却一代代传承下来，并且茶文化思想内涵逐步积累和丰富，最终形成了具有传统特色的茶文化思想。历史上的茶文化注重文化意识形态，以雅为主。茶文化在形成和发展中，融合了儒家、道家和佛家的思想哲学，并演变成各民族的礼俗，成为优秀传统文化的组成部分，是一种独具特色的文化。

（二）鲜明的时代特征

茶文化是产生于特定时代的综合性文化，带有东方民族的生活气息和艺术情调。饮茶是人类美好的物质享受与精神陶冶。随着社会的进步，饮茶文化已渗透到社会的各个领域和人们生活的各个方面。茶文化发展至一定阶段，无论是达官显贵，还是市井小民，都以茶为上品，虽然饮茶方式和品位不同，对茶的推崇和需求却是一致的。如在唐代，随着茶业的发展，茶已成为社会经济、社会文化中的一个重要组成部分。饮茶文化遍及大江南北，包括塞外边疆。唐文成公主远嫁西藏，带去了饮茶之风，使茶与佛教进一步融合，西藏佛教寺庙中出现了各种形式的茶会；宋代民间饮茶之风大盛，宫廷内外，到处“斗茶”。

物质文明和精神文明的发展，给茶文化注入了新的内涵和活力，当前，茶文化内涵及表现形式正在不断丰富、创新和发展。茶的价值使茶文化的核心意识进一步确立，与茶有关的国际交往日益频繁。当前茶文化传播的形式也呈现出大型化、现代化、社会化和国际化的趋势。茶文化内涵迅速膨胀，对茶产业的影响正日益扩大，为世人瞩目。因此，茶文化是我国茶产业持续发展的动力和精神支柱，随着历史的发展、时代的变迁，茶文化内容也将不断创新和发展。

（三）表现形式的多样性

我国的茶文化不仅与饮茶直接相关，还表现为与传统文化相结合，融入了人们的日常生活，如茶礼、茶俗、茶艺等茶文化内容，不同社会阶层、不同人群具有不同的表现形式。茶文化从一种行为文化来看，始终贯穿人民的日常生活，是人们在长期实践与交往中约定俗成的行为习惯，是以民风和民俗形态出现，具有民族特性和地域特性的行为模式。从精神文化来看，茶文化长久地积淀在民族文化的深层，形成了民族独特的心理结构，最难发生变化。因此，茶文化与民族文化生活相结合，形成了各具民族特色的茶礼、茶艺、饮茶习俗及婚俗。以民族茶饮方式为基础，经艺术加工和锤炼而形成的各民族茶艺，更富有生活性和文化性，表现出饮茶方式的多样性和生活的情趣性。譬如“客来敬茶”，自古以来就体现着中华民族重情好客的礼俗，这在广大民众看来再普通不过、再习惯不过的生活现象，同时也是最具中华民族特色的茶文化内容。这一类蕴含民族精神、民族传统、民族性格的茶文化，对造就民族品格具有潜移默化的影响。

（四）显著的区域性特征

中国地广人多，受历史文化、生活环境、社会风情的影响，形成了中国茶文化的区域性。名茶、名山、名水、名人、名胜，孕育出各具特色的地区茶文化。不同地区的饮茶习俗各异，加之各地在文化、经济等方面存在差异，形成了各具地方特色的茶文化。如在饮茶过程中，以烹茶方法而论，有煮茶、点茶和泡茶之分；以饮茶方法而论，有品茶、喝茶和吃茶之别；以用茶目的而论，有满足生理需要、传情联谊和生活品质提升之说。就世界范围而言，由于受中国茶文化影响的迟早与程度有差异，茶文化同各国的历史、文化、经济及人文相结合，演变成英国茶文化、日本茶文化、韩国茶文化、俄罗斯茶文化及摩洛哥茶文化等。在英国，饮茶成为生活的一部分，是英国人表现绅士风格的一种礼仪。日本茶道源于中国，而今具有浓郁的日本民族风情，并形成了独特的茶道体系、流派和礼仪。韩国人认为茶文化是韩国民族文化的根，每年 5 月 24 日为全国茶日。中国茶文化是各国茶文化的摇篮，这就是茶文化区域性的反映。

第三章　唐代以前：茶文化萌芽期

中国是茶的故乡，是世界上最早发现茶树、利用茶叶、栽培茶树的国家，品茶待客自古就是中国人高雅的娱乐和社交活动。从很久之前，人们便已经知晓茶的存在了。第二章主要讲述唐代以前的茶文化，从三个方面展开叙述，分别是茶文化的孕育与萌芽、茶文化萌芽时期的茶艺、茶文化萌芽时期的茶诗。

第一节 茶文化的孕育与萌芽

一、远古时期

通过前面所述，我们可知茶的起源，可以追溯到远古神农氏时期。在远古的神话传说中，神农氏生来就有一个“透明肚子”，五脏六腑俱可见。神农氏尝草药之后，草药药性如何，均可以观其五脏六腑的变化而得之。一日，神农氏在尝到茶时，发现其可以将五脏六腑查尽，清毒素、洗肠胃，是一种难得的好草药。据此功效，神农氏将这种草药命名为“查”，后来又演化成“茶”。这是关于茶起源的最具有神话色彩的版本，也是一个非常符合中国文化逻辑的追根溯源的版本——在中国的文化发展史上，人们往往将与农业有关事物的起源归根于被称为“农之神”的神农氏。

至于神农氏究竟是如何发现茶的，百家众说纷纭。有一种较普遍流传的故事是，神农氏尝百草，经常将一大包草药带回煎熬。他将草药按已知药性分开熬制，却在熬好之际，误将几片不知药性的树叶添加其中。顿时，一阵清香扑面而来。神农氏大为惊奇，品尝药液，发现其令人心旷神怡，具有提神醒脑、缓解疲劳之效。神农氏大喜，将树叶从锅中捞起，细细研究，决心要将其找到，进行种植、推广。从此，神农氏踏遍山河，锲而不舍地寻求这种树叶的来源。终于，他在一个山坳里觅得，欣喜之余广为栽培。可以说正是神农氏锲而不舍的精神才成就了中国茶的起源。

二、商周时期

体会完神奇传说的魅力，我们再来翻阅那些尘封已久的厚重历史古籍。在浩瀚如海的历史记载当中，我们依稀可以追寻到“茶”作为一种特殊的代表在官府、民间的发展路径。从贡品、邑名到生活中的商品，史书不经意地在字里行间记载了茶的这些最初发展。

将茶的起源归为神农氏终究只是神话传奇，毕竟神农氏之事太过遥远，无从考察。而就目前已知的可信文献史书来看，茶最早出现于周武王姬发时代。

《华阳国志·巴志》记载有：“周武王伐纣，实得巴蜀之师……丹、漆、茶、蜜……皆纳贡之。”[①] 巴蜀辖地，即为今天的贵州四川一带。从此处记载可以看出，当时巴蜀地区已经开始将“茶”作为贡品献给周武王，这说明当时不但已经发现了茶的存在，而且已经能够制作出上好的茶叶、泡出上好的茶水，否则巴蜀地区也绝不敢将茶进贡给周武王。

由此可见，早在三千多年前的西周王朝，茶已经被作为贡品，受到了官府、朝廷的高度重视，享有较高的地位，巴蜀地区也实为中国茶文化的摇篮。

总体来说，在商周的时候，中国茶主要有咀嚼鲜叶、煮成菜羹、熬煮茶水三种使用方法，并在这个基础上初步发展出了一些吃茶的理论，直至现在，云南少数民族还保留着此传统。如佤族、哈尼族等，其历史非常古老。他们在采摘茶叶之时，会将茶芽塞进嘴里咀嚼，还吃得津津有味。基诺族最有代表的则是“凉拌茶”，将鲜嫩茶芽放入碗中，拌入辣椒、黄果汁、捣碎的蒜泥、盐巴等，加入山泉水调匀，便可直接食用。

茶叶由于苦中有甜，苦后回甘，令人回味，广泛受到普通人和王公贵族的喜爱，因此周朝就有了最早的人工栽培的茶园，此时，巴蜀地区的茶叶生产已有一定规模。巴蜀地区多疫病，民众们以茶为生，认为只有吃茶才能除瘴气、解热毒，只要一天不吃就会生病，也正是这些地域自然条件决定了人们的饮食习惯。

三、战国时期

据记载，我国县名中唯一出现“茶”字的是湖南省茶陵县，始于西汉，是当初茶陵侯刘沂的封地。但事实上，茶陵并非最早甚至唯一以“茶”命名的县。据《华阳国志》记载，战国中期周显王二十二年，蜀王把他一个名叫“葭萌”的弟弟分封于汉中地区，号苴侯，并把苴侯所在的那个城邑称作“葭萌”，而这里所提到的“葭萌”在当时便有茶的意思。《华阳国志》的这一段记载，可谓是最早的关于以茶封邑名的文献资料。

而关于“葭萌”，历史上还有这么一段故事。蜀王弟弟葭萌封王汉中后，不知为何，竟与世仇巴王修好，往来频繁。蜀王得知后，大怒，一挥大军向葭萌兴师问罪。葭萌不敌，逃往巴国。蜀王岂肯善罢甘休，挥师直捣巴国。而这时候，巴王做了一个致命的决定，那就是向北方的秦国求救。而秦国一向是虎狼之国，正值大肆扩张兼并邻国之际，乘机一举灭了蜀国、巴国与苴国。

① 常璩：《华阳国志》，齐鲁书社 2010 年版，第 2 页。

毫无疑问，在这场战争中，秦国是最大的受益者。它不仅拓宽了自己的领土，还从此知道了“茶”的好处。

从巴人早在周武王时期就以茶为贡，到后来蜀人又以茶命名地名的史实来看，三千多年前的先秦时期，巴、蜀两国不但已经饮茶成俗，而且也已经将“茶”发展到了一定的规模。

2018 年 8 月至 12 月，由山东大学历史文化学院王青教授领衔的邾国故城遗址考古队，对西岗墓地一号墓进行考古发掘。在勘查一个呈倒扣状态的瓷碗时，考古队员发现碗内的填充土，存在露出茎叶状植物残留的炭化残留物。考古队员随即将碗体和填充土恢复原状并整体打包提取，并与北京科技大学合作，对样品进行实验室检测分析。研究团队采用红外光谱、气相色谱质谱、热辅助水解甲基化裂解气相色谱质谱等技术，分别对泡前茶叶、泡后茶渣和西岗 M1 样品进行检测分析以确认其性质。在红外光谱图中，三个样品的光谱图整体轮廓近乎相同，吸收峰峰形十分相似，主要吸收峰峰位相近，考古样品很有可能为古代茶叶。2021 年，山东大学考古团队发表《山东邹城邾国故城西岗墓地一号战国墓茶叶遗存分析》（《考古与文物》，2021 年第 5 期），正式公布山东济宁邹城市邾国故城遗址西岗墓地一号战国墓随葬的原始瓷碗中，出土的茶叶样品为煮（泡）过的茶叶残渣，为目前已知世界最早茶叶遗存，将世界茶文化起源的实物证据提前了至少 300 年。

四、秦汉时期

秦汉时期由于国家统一，物质文化交流加强，茶和有关茶的知识得到进一步的传播，茶事活动逐渐频繁。根据史料记载，我们可以将秦汉时期的茶事活动归纳为以下几个特点。

（一）关注茶叶的药用和保健作用

成书于秦汉时期的《神农本草经》就记载了当时茶叶的药用和保健作用，《神农本草经》又名《神农本草》，是我国现存最早的药学专著。

这一时期还出现了将茶叶作为药物的最早记载，西汉武帝建元元年至元狩初，司马相如著《凡将篇》一卷，将茶和乌喙、桔梗等 20 味中药同时列出。华佗，东汉的著名医学家，沛国谯（今安徽亳州）人。他所著《食论》首次记载了长期饮茶，有益思维。华佗《食论》早已失传，《茶经》引有此语。另外，《茶经》还引用了饮茶令人少眠等功用。这说明在秦汉时代人们特别关注茶叶的药用和保健作用。这一时期茶叶不单纯作为饮料，还作为药用，同时提出了饮茶的宜忌。

（二）茶区扩大，湖南成为重要产茶地区

秦朝只有两世，仅仅存在 15 年，历史上也缺乏秦代的茶事记载。但是由于秦统一了国家，为茶叶和茶叶知识的传播创造了条件，原为巴蜀特产的茶叶，在秦统一国家后便加快了对外地的传播。根据历史文献记载分析，到两汉时期已经在巴蜀以外形成了茶叶的重要产区。有文献历史记载和出土文物证明，这一时期属于荆楚的湖南，茶叶生产得到了很大的发展。

首先，在湖南出现了以茶命名的县。西汉高祖五年，长沙国置茶陵县，为长沙国的 13 个属县之一。因为炎帝葬于茶山，炎帝的陵墓就称为茶陵。因为有茶陵，所以其县称为茶陵县。

其次，马王堆西汉墓中有关茶和茶的文物可以证明西汉时期长沙已经出现茶叶生产和饮茶等活动。1972 年，马王堆西汉墓出土汉隶书写的“梢一笥”的竹简和“梢笥”木牌。有专家考证“梢”是“槚”的异体字。如果“梢”真的就是古代的“槚”，或可说明马王堆西汉墓的随葬品中有茶。马王堆西汉墓一号墓还出土有一幅帛画，据专家考证为《敬茶仕女图》。一号墓的墓主为西汉长沙国丞相软侯利苍之妻辛追，于文帝前元十二年入葬，三号墓为利苍之子，后元四年入葬。在一、三号墓文物中“梢一笥”和“梢笥”的竹简或木牌共出现四次。此前，1954 年在长沙魏家大院第四号汉墓出土了一枚刻有“荼陵”二字的石质官印。“荼陵”图章、茶和《敬茶仕女图》都与茶叶有关。同时以茶和《敬茶仕女图》作随葬品说明墓主生前嗜好饮茶，既然有饮茶的嗜好，当然就得有茶叶，所以这些随葬品完全可以说明长沙在汉代已经产茶。

（三）巴蜀出现最早的茶市

西汉宣帝神爵三年时，巴蜀已经出现茶市。该文字记载出自王褒的《僮约》。

王褒，西汉宣帝时曾任谏大夫，擅长辞赋，精通六艺。西汉宣帝神爵三年正月，王褒寄居在一个叫杨惠的寡妇家里。杨寡妇家里有个奴仆叫便了，王褒经常使唤他去买酒。便了却觉得王褒是外人，并无资格使唤自己，很不情愿，甚至跑到了主人家的坟墓前哭诉。王褒得悉此事，颇为生气，便在正月十五这一天从杨寡妇手里买下了便了。便了跟随王褒之后，心里依旧颇多不满，却也无可奈何，但仍旧要求王褒在契约里写清楚他以后要做的事情，否则不从。而王褒为了教训便了，便信笔写下了这篇长约 600 字、题为《僮约》的契约，列出了名目繁多的劳役项目和干活时间的安排，使便了从早到晚不得空闲。不出所料，《僮约》果真达到了教训便了的目的。然而，王褒没有想到的是，他这篇《僮约》契约里的

两句话“烹茶净具”和“武阳买茶”[①]，会为中国茶的商业文化历史留下最早最可靠的文字记载，武阳成为中国茶叶历史，乃至世界茶叶历史上第一个被文字记载的最早的茶叶买卖市场。

“烹茶净具”指的是对于煮好的茶要准备好洁净的茶具，“武阳买茶”就是指要赶赴临县武阳去买回茶叶。这两句话充分说明了在西汉时期，茶已经成为生活中的商品，西汉饮茶已相当盛行，这也说明当时在巴蜀地区便已经出现了最早的茶市。

另外，除上述王褒的《僮约》之外，西汉时期还有两位蜀人在书中写到了茶。一是司马相如的《凡将篇》有茶叶记载，他在《凡将篇》中列举了当时的20种药物，有乌喙、桔梗、芫华、款冬、贝母、木檗、苓草、芍药等。其中有一味“荈诧”，就是茶。这是我国汉代把茶作为药物的最早的文字记载。二是扬雄的《方言》中也提到了茶。扬雄，蜀郡成都人，西汉文学家、语言学家。《方言》全称是《輶轩使者绝代语释别国方言》，它是一部记录当时全国范围内各地语言资料的工具书，有点类似于《尔雅》，是记录当时语言文字的经典资料。在这本书中，扬雄提到当时巴蜀先祖对茶的称谓为蔎，他们将茶叶煮作羹饮，烘烤使之变红，捣作碎末，置瓷器中，浇注开水，调以姜、葱，即成茶羹，或曰茶粥。

（四）丝绸之路出现，茶叶逐渐开始向外流通

元朔年间，为了打通与西域各国的联系，汉武帝派遣张骞出使西域，其后数年，汉与西域各国联系频繁，丝绸之路正式开通，从此开辟了一条以首都长安（今西安）为起点，并连接地中海各国的陆上通道丝绸之路。丝绸之路的开通，将茶业以及茶文化传播到更远的地方。

丝绸之路作为一条文化交流之路与商品贸易之路，茶叶是其重要的物品。通过这条道路，茶叶流向了西域各国，流通于亚欧大陆。此后，游牧民族逐步开启了饮茶之路。

长安是古丝绸之路的起点，丝绸之路是由长安经天水、兰州、河西走廊，至新疆，翻越葱岭（今帕米尔高原）到达波斯、印度、罗马的贸易大通道。作为丝绸之路的起点，关中地区的泾阳则是陕茶、川茶、湖茶销往西北牧区及丝绸之路上的茶叶集散地和中转站。

---

① 潘殊闲、罗健勇主编：《都江堰文献集成 历史文献卷 文学卷》，巴蜀书社2018年版，第501页。

五、魏晋南北朝时期

三国时期有魏、蜀、吴三个国家。晋朝分为西晋与东晋两个时期。南北朝是两晋以后中国历史上又一个分裂时期。陈寅恪将三国、晋朝和南北朝合称为魏晋南北朝时期。这一时期是中国历史上政权更迭最频繁的时期。长期的封建割据和连绵不断的战争，使这一时期中国文化的发展受到了重大影响。玄学兴起，佛教影响扩大，道教勃兴，波斯、希腊文化进入中国。在从魏至隋的360余年间，有30余个大小王朝交替兴灭，加上诸多新的文化因素的影响和交相渗透，我国的传统儒家文化受到了一定的冲击。同时由于国家分裂，战争不断，人口下降，经济严重受损。为了发展经济，也为了满足战争的需要，一些科学技术得到了发展。

这一时期茶叶产区不断扩大。在一些地方茶已经成为家常饮料，茶事活动增多，茶事出现在各种文献中的次数明显增多。根据历史文献记载，可以将魏晋南北朝时期的茶事活动归纳为以下几个方面。

（一）有了早期的茶树栽培，产茶区域不断扩大

西晋杜育《荈赋》载："灵山惟岳，奇产所钟……厥生荈草，弥谷被岗。"[①] 用现在的话解释后面两句，意思就是在那里生长着茶树，从山谷到山顶全都被茶树覆盖着，可谓漫山遍野都是茶树。我们当然不能认为《荈赋》是写实的记录，但是也可以从一个侧面说明当时茶树很多。

那么西晋时期茶树是怎么种植的呢？《广志》，晋郭义恭撰。该书记各地物产之特异者，包括动物、植物、玉石等，尤其记各种瓜果甚详，是一部对于研究物产分布和社会生活有重要价值的史料，不过，全书已佚，根据《太平广志》中对它引用的部分记录，我们可以知道当时茶是丛生的。野生茶树应当是以单株为主要存在方式的，即使有多株长在一起的，那也不可能具有普遍性。只有人工种植的茶树才有可能都是丛生的，《广志》记载的"茶丛生"应当是当时茶树生长的普遍情况。在没有新的证据出现之前，我们可以认为茶树丛式栽培最早出现于西晋。这种栽培方式后来沿袭到唐代，直至今天还保留有茶树丛式栽培的方式。茶树由野生到栽培是一种历史的进步，是茶叶产区得以扩大、茶叶产业得以形成的必要条件。

（二）饮茶已经成为家常之事、待客之物

吴王孙皓，字元宗，三国时代吴国的第四代君主。在西晋陈寿所编的《三国

① 叶国盛主编：《中国古代茶文学作品选读》，复旦大学出版社2020年版，第3页。

志》中，记载着这样一个关于“茶”的故事：吴王孙皓继位后，常常大宴群臣，而每次群宴做客者都至少得喝酒七升。其中有一位大臣叫韦曜，以其博学多才而被吴王孙皓重用，其酒量不过二升而已。然而，吴王孙皓对其特为优待，担心他因不胜酒力而出洋相，便暗中赐茶给他来代替酒水。

这便是后世人们常说的“以茶代酒”的典故。“以茶代酒”常被认为是一种大方、文雅之举。而《三国志》的这段记载不仅说明了在三国时期，饮茶已经在孙吴一带普及，还说明了在三国时期，茶已经开始有了“德”层面的意义。或许三国时代的人们尚未有这样的文化意识，“以茶代酒”也只是偶然而已，但无论如何，这种“无意”注定为后来“茶文化”这颗种子的萌芽提供了肥沃的土壤。

（三）茶是乱世中的精神寄托

1. 晋惠帝瓦盂饮茶叹甘甜

晋惠帝司马衷，字正度，西晋第二位皇帝。晋惠帝实在是一位无能的皇帝。他于 290 年登基，却在 291 年就让西晋陷入了历时 16 年之久的战乱，史称“八王之乱”。在这场战乱当中，晋惠帝毫无作为，始终扮演着一个傀儡的角色，被诸王玩弄于股掌之间，常常随乱军颠沛流离，风餐露宿。哪怕是到光熙元年，“八王之乱”结束，晋惠帝也结束了动荡流亡的生活，回到了洛阳皇宫，他依旧身不由己，甚至连饮食起居都无法做主。因为此时，所有大权都掌控在东海王越手中。

洛阳皇宫虽然金碧辉煌，晋惠帝却从中感受不到一点儿快乐。有一天晚上，一位近臣偷偷送了一碗茶给他。这碗茶的茶具并非什么金银之器，而是一只再普通不过的瓦盂。但是，正是这碗瓦盂盛的茶，让晋惠帝感到了前所未有的快乐。在黑夜中，他尝到了这碗茶的甘甜，不禁连连感叹。

这碗茶，既没有周武王时期作为贡品的尊贵，又没有吴王孙皓“以茶代酒”的风雅，只是一个孤臣无以侍君，万般无奈之下，盛以瓦盂，给君王聊以解渴而已，却让晋惠帝感受到远超周武王、吴王的快乐。一个君王如此，近乎悲哀，却又不难理解。对于一生颠沛流离的晋惠帝而言，这碗茶让他体会到了温暖，他便将自己的情感寄托在了其中。即使是瓦盂而已，即使是茶水而已，也会令他不禁连连感叹甘甜。无论廉价粗鄙与否，茶已经成为一种精神寄托。

2. 大将刘琨以茶抒胸怀

刘琨，字越石，西晋并州刺史、广武侯。刘琨自年少时起就胸怀壮志，青年时与祖逖为友，两人枕戈待旦，意气雄豪。“闻鸡起舞”一词就是出自他二人。奈何生不逢时，西晋动荡，又逢“八王之乱”。刘琨作为一名志士，眼见晋室内讧，天下大乱，北方匈奴等胡族又乘虚而入，攻城略地，天无宁日；自己虽率军于最前线与匈奴抗争，终因势单力薄，丧师失地。

壮志难酬，刘琨内心常常抑郁难安。而每逢烦闷难解之时，刘琨就会饮茶，以茶解闷，并抒发自己的满腔壮志。刘琨还曾给其担任南兖州刺史的侄子刘演写信道："前得安州干姜一斤、桂一斤、黄芩一斤，皆所须也，吾体中溃闷，常仰真茶，汝可置之。"①

由此可见，茶对于刘琨而言，不只是一种解渴饮品而已。对于他而言，茶寄托着他未曾实现的满腔报国之志，喝茶，除了解渴之外，更多的是为了纾解自己的烦闷，抒发自己的胸怀。茶，再次化身为一种精神寄托。

（四）茶成为廉洁的代表

区别于汉代的简朴作风，晋朝时期，奢侈荒淫的纵欲主义使世风日下。这时候，一些有识之士深为社会不良风气痛心疾首，开始纷纷以身作则倡导廉俭。而茶，作为早在春秋晏婴时代"廉洁"的代表，就成了这些有识之士的思想导向——以茶为廉抗奢。于是，出现了一批文人、政治家以茶示俭、以茶示廉的事例。

1. 东晋陆纳以茶待客

陆纳，字祖言，东晋吴兴太守，为官清廉，生活节俭。陆纳待客的时候，无论权贵，唯有一些水果、茶水而已。有一次，宰相谢安要来访，陆纳仍然是这样。其侄子陆椒不甚理解，以为叔父小气，便私下里准备了一桌丰盛的酒菜，待宰相来之时，便将酒菜摆了出来。谢安离去后，陆椒自以为会得到叔父的夸奖，却不料被陆纳痛打了四十大棒。陆纳教训道："汝即不能光益叔父，奈何秽吾素业？"②意思是，你即使不能给叔父增添光耀，为何还要破坏叔父我简朴的家风？

由此可见，陆纳确实是一个廉洁至极之人。在他看来，以茶待客，方是简朴的行为；茶，方是廉洁的象征。

2. 桓温举茶宴客

桓温，字元子，东晋时期杰出的政治家、军事家。同陆纳一样，他也是一个以茶示俭的推崇者。据《晋书》记载，桓温出身士族，拜驸马都尉，后又官拜大司马、都督中外诸军事、扬州牧，可谓是极其位高权重之人。然而，他每次设宴，却只有一些茶果可以待客，生活极其清廉节俭。不过，桓温饮茶并非自我标榜、自恃清高，而是其表示节俭的方式。其实无论如何，桓温这样一个权重之人举茶

① 吴汝纶：《汉魏六朝百三家集选 第 16 册》，浙江人民出版社 1985 年版，第 209 页。

② 常璩撰：《二十五别史 10：华阳国志 九家旧晋书辑本》，齐鲁书社 2000 年版，第 142 页。

宴客，从一定意义上就显示出了在晋代，茶已经是廉洁精神的代表，以茶为廉的风尚开始形成。

3. 齐武帝将茶奉为祭品

齐武帝萧赜，南北朝时期南齐的第二任皇帝，字宣远。在南齐短暂的23年发展历史中，齐武帝为国家的稳定与经济的发展做出了一定的贡献，是一位贤良的皇帝。不仅如此，不同于一般皇帝的奢侈无度，齐武帝非常俭朴节约。据《南齐书》载："萧赜刚毅有断，为治总大体，以富国为先，颇不喜游宴、雕绮之事，言常恨之，未能顿遣。"[①] 而齐武帝的节俭不只是体现在他的日常生活中，甚至还体现在他自己的丧礼中——一般而言，帝王的葬礼是国丧，声势浩大，祭品丰富奢华，但他特意在遗诏里交代丧礼从简，千万不要用牲畜祭奠，只要供上些糕饼、水果、茶、饭、酒和果脯就可以。

这也是茶在周武王时期成为贡品后，又一次在帝王面前扮演的重要角色，即被齐武帝钦点奉为祭品。齐武帝作为一个非常节俭的皇帝，在要求自己葬礼必须从简的时候，却点明了可以将茶奉为祭品。由此可见，在齐武帝心里，或者说在当时的南齐时期，茶已经开始作为"廉俭"风尚的象征，具有精神意义了。而对于齐武帝将茶奉为祭品的典故，后世也评价他为"慧眼识茶"。

（五）茶与宗教结缘

南北朝是各种文化思想交融碰撞的时期。中国古代文化极盛时期首推汉唐，而南朝处于继汉开唐的阶段，无论诗赋、散文、文学理论都很有成就，尤其是玄学相当流行。玄学是魏晋时期的一种哲学思潮，主要是以老庄思想糅合儒家经义。玄学家大都是所谓的名士，所以非常重视门第、容貌仪止，爱好虚无玄远的清谈。这样，儒学、道学、清谈家便往往都与玄学有关，连作诗也有玄诗。

玄学家的思想特点：一是崇尚清谈高雅，二是喜欢作自由自在的玄想，天上地下剖析社会自然的深刻道理。这些人还喜欢登台讲演。终日谈说，会口干舌燥，讲演学问又不比酒会上可以随心所欲，谈吐举止都要恰当，思路还要清楚。为解决这些问题，茶又有了大用处。它不仅能提神益思，还有助于人保持平和的心境，所以玄学家也爱喝茶。茶进一步与文人结交。

南朝时，古代的神仙家们开始创立道教。道家修行长生不老之术，炼"内丹"，实际就是做气功。茶不仅能使人不眠，而且能升清降浊，疏通经络，所以道人们也爱喝茶。

---

① 萧子显：《南齐书 1》，吉林人民出版社 2005 年版，第 36 页。

南北朝时许多神怪故事中有饮茶的故事便是一个很好的证明。南朝刘敬叔著《异苑》，有这样一个故事，剡县陈务妻年轻守寡，房宅下多古墓，陈务妻好饮茶，常以茶祭地下亡魂。一日鬼魂在梦中相谢，次日得钱十万养活自己的三个孩子。《广陵耆老传》记载，晋元帝时有位老太婆在市上卖茶，从早到晚壶中茶也不见少，所得钱皆送乞丐和穷人。后州官以为有伤“风化”，将老太婆捕入狱，夜间老太婆自窗中带着茶具飞走了，证明她是个神仙。

两晋南北朝不仅是道教的形成和发展时期，这一时期印度佛教也在中国传播和发展。佛教提倡坐禅，饮茶可以镇定精神，夜里饮茶可以驱睡。茶的清淡、虚静的本性和却睡疗病的功能广受青睐。茶之声誉，遂驰名于世，一些名山大川的寺院所在山地和封建庄园都开始种植茶树。

最初我国许多名茶，都产自佛教和道教圣地，如四川蒙顶、庐山云雾、黄山毛峰，以及天台华顶、雁荡毛峰、天日云雾、天目云雾、天目青顶、径山茶、龙井茶等，都是在名山大川的寺院附近出产的，由此可见，佛教和道教信徒对茶的栽种、采制、传播有积极的影响。

从这些记载我们看到，在东晋和南朝之时，饮茶已与和尚、神仙、道士等联系起来。茶已进入宗教领域。尽管此时还没有形成后来完整的宗教饮茶仪式，但它已经脱离作为饮品的一般物态形式了。

中国的茶文化源远流长，唐宋时期达到了鼎盛时期，出现了许多关于茶的著述，如《茶经》《云谷杂记》等。在这些著述里，常看到茶自魏晋以来有之的相关记载。这说明，魏晋南北朝应该是中国茶文化的初步形成时期。这一时期社会动荡不安，长期处于分裂中的人们不论是身体还是精神都疲惫不堪，于是他们迫切地寻找可以延年益寿的东西聊以慰藉，饮茶之风借此盛行。

魏晋南北朝时期是我国茶文化兴起并逐步发展成型的阶段，虽然在这个时期没有形成一套完整的饮茶文化，但是饮茶之风已经被大多数人所接受，社会各个阶层普遍饮茶就是很好的说明。魏晋南北朝时期饮茶之风的发展，是我国茶文化形成发展中的重要一环，成为隋唐时期茶文化成熟的前奏。

六、隋朝时期

在隋朝和唐初以前，北方虽然也有少数人饮茶，但它毕竟盛于南方，属于南方特有的一种区域性的文化现象。因此，北方有些人对茶有“水厄”“酪奴”的戏称。隋朝的历史虽然不长，但是，隋代统一全国后，为茶业的进一步南北交流和茶业重心的进一步东移，奠定了基础。茶文化作为中华传统文化的一部分，最终还是走上了南北交融之路。而在这个交融过程中，有一位帝王功不可没，那便是隋文帝。

581年，杨坚于临光殿登基，定国号为大隋，史称其为隋文帝。590年，隋文帝一统天下，结束了天下近300年的分裂割据状态，实现了中国自秦汉以来的又一次大统一。作为开国皇帝，隋文帝毫无享乐奢淫行为。据史籍记载，隋文帝勤于政务，自奉甚俭，常侍于左右的唯茶而已。而《隋书》还记载了一个荒诞故事：有一夜，隋文帝做噩梦，梦见一位神人将其头骨给换了。而梦醒之后，隋文帝便头疼不已。后遇一僧人，告诉他山里有茗草，采来煮食，然后饮下，就可以痊愈。隋文帝听从服下后，果真头疼痊愈。自此，隋文帝便十分爱茶。

上有帝王爱好，下便有人争相仿之。帝王嗜茶，于是全国范围内种茶、制茶、饮茶成风，南北皆同。尤其是隋朝时代，南北已经统一，南北茶文化的交融就更加便利无阻。隋文帝或许无所察觉，但其所作所为实实在在地促进了茶文化的大统一，促进了茶文化在北方的萌芽与形成。

第二节　茶文化萌芽时期的茶艺

茶艺是饮茶艺术，是艺术性地饮茶，它包括选茶、备器、择水、取火、候汤、习茶的程序和技艺。

人类最初把茶当作一种饮料的时候，仅仅是借以解除干渴，故此绝不会刻意地去追求什么饮用形式，而当茶被作为一种超乎日用需要之外的高雅的生活和社交形式之后，对其饮用形式的追求和饮用器皿的讲究就成为茶人津津乐道的事情了。

东周时期，茶叶利用方法前进了一步，人们运用了当时的烹煮技术，并已注意到茶汤的调味。这是茶的食用阶段，即以茶当菜，煮作羹饮。茶叶煮熟后，与饭菜调和在一起食用。此时，食用茶的目的，一是增加营养，二是解毒。

秦汉时期茶的饮用方式大概只是将茶置于容器之中，在火上烹煮后饮用，其形式比较简单。这时所使用的茶也是未经加工过的鲜茶或只是经过简单晾晒后的干茶。

汉代早期的煮茶法很可能像煮蔬菜羹汤一样，采下新鲜茶叶，沸水烫过后直接放入釜中煮，然后调盐、添姜，甚至加入芝麻、橘皮、薄荷、茱萸、紫苏等调味品。地域不同，饮食习惯就不同，煮茶的方式也就因此有差别。

东汉末年，随着饮茶的普及和更多文人的介入，茶在饮用形式上逐渐发生了变化，人们根据自己的口味，在茶汤中加入各种佐料，以改善茶的口感。这种变化起始于宫廷和上层社会，进而影响到整个饮茶群体。所以，在三国时期，烹煮茶饮的时候，在茶汤中加入各种佐料已经成为流行的饮茶方式了。

在三国时期，我国的茶叶制作技术有了很大发展，作为型茶的茶饼出现了，制作方法是将茶叶与米膏掺和在一起，经晾晒成型。

在魏晋南北朝时期，人们不是喝清茶，而是煮茶。在煮茶前要先将茶叶碾成碎末，再加上油膏，制成茶膏。之后，等到开始煮茶时，只需将茶膏捣碎，然后与茱萸等一同煎煮即可饮用。

不仅如此，在东晋茶学家杜育的《荈赋》中，还为我们记录下了魏晋时期的秋茶采摘情况，甚至还完整地为我们呈现了在魏晋时期，茶的采摘、煎煮等场景。

《荈赋》:“灵山惟岳，奇产所钟。瞻彼卷阿，实曰夕阳。厥生荈草，弥谷被岗。承丰壤之滋润，受甘霖之霄降。月惟初秋，农功少休，结偶同旅，是采是求。水则岷方之注，挹彼清流；器择陶简，出自东瓯；酌之以匏，取式公刘。惟兹初成，沫沉华浮，焕如积雪，晔若春敷。”[①]

其中所述的当时茶艺如下。

择水:“水则岷方之注，挹彼清流。”煮茶的时候要用岷江中的清水。

选器:“器择陶简，出自东瓯。”选择煎茶用的陶器（茶碗等），一定要是东瓯所制造的。东瓯在今浙江省绍兴市一带，这里指的是越州窑的青瓷。

煎茶:“沫沉华浮，焕如积雪，晔若春敷。”煎好的茶汤，像白雪般明亮，如春花般灿烂。

酌茶:“酌之以匏，取式公刘。”如果酌取茶汤，则要用匏瓜做成的器物，取法于周朝之贤王“公刘”飨宴群臣，酌酒用匏的饮用方式。

现今比较流行的抹茶，起源于隋朝时期。抹茶在古代被称为“末茶”，末，碎屑也。这种喝茶方式，始于隋，在唐宋时期达到顶峰。皇族名仕把新鲜的绿茶磨碎泡着喝。其制作工艺与现在相比也有所不同，取春季茶芽用蒸青法杀青后做成茶饼，等到需要食用时将茶饼取下一块放火上烘焙干燥，再用石磨碾成茶粉后食用。

隋朝时期，饮茶不再只是上层社会的事情，由于茶的成本并不算高，下层百姓也可以饮茶，社会中形成了全民饮茶的习惯。同时，这时的饮茶也不仅是局限于茶的药理作用，这也就代表着到这时，中国茶文化已经正式确立。

---

① 叶国盛主编:《中国古代茶文学作品选读》，复旦大学出版社 2020 年版，第 3—4 页。

第三节 茶文化萌芽时期的茶诗

我国唐代以前无“茶”字，其字有多种写法，其中比较常用的是“荼”，因此考察我国诗词与茶文化的联系，应从我国早期诗词中的“荼”字考辨起。汉字在形成之初没有“茶”字，常用“荼”字指代“茶”。然而，除当作茶饮的含义之外，“荼”字还有“苦菜”“荼毒”等多种释义。茶的应用发展到以饮用为主的时期，“荼”字显然不能够概括茶在社会生活中扮演的角色。为与含义广泛的“荼”加以区别，文人创造出了专指的“茶”字。

先秦两汉六朝虽是政治混乱不已、社会动乱不堪的时代，但也是思想极为自由、文学极具艺术色彩的时代。而就在各类文学思潮缤纷涌现之时，作为仍旧处于萌芽阶段的茶文化也开始在诗歌艺术的殿堂里悄然舞动。它或许还只是在字里行间崭露头角，只有那么一字半句的分量，但其所具有的宝贵价值已经不容世人忽视，尤其不容后人研究茶史时视而不见。

两晋南北朝是中国茶文学的发轫期。就目前所见，唐代之前写到茶的诗比较少，主要有四首，分别是《诗经》、左思的《娇女诗》、张载的《登成都白菟楼》以及孙楚的《歌》。

一、《诗经》

《诗经》，中国第一部诗歌总集，成书于春秋时期，收录有西周初年至春秋中期的305篇诗歌，故先秦时期又被称为《诗》《诗三百》《三百篇》，西汉时期始称《诗经》，并将其奉为儒家经典。《诗经》并非一人所作，内容来源非常广泛。既然内容宽广多面，那么也必然会有茶的身影，毕竟早在西周周武王时期也已有以茶为贡品的记录。

《诗经》中涉及茶的诗歌共有七首，分别为《郑风·出其东门》《豳风·鸱鸮》《周颂·良耜》《大雅·桑柔》《邶风·谷风》《豳风·七月》《大雅·绵》。这些诗作当中皆有“荼”字出现，如《豳风·鸱鸮》中的“予手拮据，予所捋荼”，《大雅·桑柔》中的“民之贪乱，宁为荼毒”等。而“荼”字是“茶”字出现前表茶意的最广泛运用。

事实上，这七首诗歌并非严格意义上的茶诗。《诗经》形成时期，茶文化可以说仍在孕育初期，时人对茶的认识并不充足，同时这七首茶诗中的“荼”字解释不一，并非完全代表了如今所指的茶意。然而正所谓，岁月悠长，后人早已无

第一节 唐代制茶方法

在古代，人们十分重视采摘茶叶的时机，春茶应该是在农历二月到四月的晴天采摘，而在雨天或阴天则不宜采摘。人们需要在清晨时分取下正在生长的嫩叶和枝条，确保它们是新鲜且带有露水的。采摘茶叶后，还需要进行蒸、捣、拍、焙、穿、封等一系列工序。茶叶的外观和颜色并不是评判茶叶质量的唯一标准，仅凭外表无法准确判断茶叶的优劣。除了用眼看、用鼻闻，还要用嘴尝一尝。陆羽根据当时的饮茶习惯，提出了茶叶外观、颜色产生的原因，这对于评鉴和提升茶叶品质具有重要价值。

一、粗茶制茶方法

粗茶是指采摘时，不分叶、枝、梗等获取的茶叶。陆羽将直接用刀切碎粗茶并放入锅中煮饮的制茶方式称为“斫”茶。

二、散茶制茶方法

散茶是指采摘细嫩芽叶，经蒸青后烘干或炒干的松散状芽茶或叶茶。将散茶直接放入盛好水的锅中煮沸并饮用的方式被陆羽称为“熬”茶。

三、末茶制茶方法

末茶是指采摘茶鲜叶，经蒸茶、捣茶后，将捣碎的茶烘干或晒干而成的细碎末状茶。将其煮饮，陆羽称之为“炀”茶。

四、饼茶制茶方法

（一）采摘茶叶

从张籍《茶岭》中的“自看家人摘，寻常触露行”，皮日休《茶中杂咏·茶籯》中的“开时送紫茗，负处沾清露”，郑谷《峡中尝茶》中的“蔟蔟新英摘露光，小江园里火煎尝”等都可以看出采摘茶叶的工作大多是在清晨进行的。采茶时需要用到的工具是用竹子制作的茶篮，唐代人民用“籯”来称呼它。

（二）蒸茶

蒸茶的工序是先在釜中盛好水，在水中放入甑，甑通常由木头或陶瓷制成，甑中吊放一个盛好鲜茶叶的小竹篮，然后烧火将水烧干即可。为了不让里面的茶叶因挤压而流失膏汁，我们要将蒸好的茶叶取出后再倒入甑中，并用桑木制的三叉不断搅拌。蒸茶要用到的灶常设在茶山里，它的用途较为单一，形状也比较特殊。

（三）捣茶

捣茶是把蒸好的茶叶放入碓中捣烂，要用到的工具叫作“杵臼”，又叫“碓”。捣茶有时候也被称为研茶，研茶所用的工具叫“研”，为盆状，内壁带棱（或叫“槽”），多为陶制。

（四）拍茶

拍茶是将捣好的茶膏，放在模子里拍制成茶饼。模子被当时的人们称作“规”，它是用铁制作的，形状多变，用途单一。如陆龟蒙《茶焙》诗中所述：“左右捣凝膏，朝昏布烟缕，方圆随样拍，次第依层取。”接下来将制好的茶饼从模具中取出，在竹席上依次排开，竹席称“芘莉”，并在茶饼上打一个眼（称“穿眼”），穿眼要用到的工具被称为“锥刀”。还有一种工具称“朴”或“鞭”，用来刮去粘在锥刀上的茶糊。

（五）焙茶

焙茶也就是烘焙茶饼，焙灶可以用砖砌成或者是在地上挖一个深度为两尺（1 尺≈ 0.33 米）、宽度为两尺半、长度为十尺的坑，在坑的四周修砌高两尺的矮墙，并用泥巴填满缝隙。焙灶上有用木材编织而成的两层架子，架子被称为“棚”或“栈”，下层叫下棚，用来进行茶叶的初焙；上层叫上棚，用来放置焙干的茶叶。将茶饼放入棚中时要用到的工具叫作“贯”，它是由竹子做成的长约两尺半的长筷。

（六）穿茶

茶饼在烘干后，为了方便人们贮存和运输，要用绳子将其穿成一串。穿茶饼时用到的绳索也称“穿”。同时，“穿”也是计量单位，也称“串”，每个地区穿的重量都有所不同。绳索所用的材料也根据地区的不同而发生变化，如江东、江南一带多用竹制，巴山、峡州一带多用韧性大的构树皮制作。

（七）封茶

封茶也就是贮存茶饼，要用到的工具被称为“育”。它的外部像是只可以打开一侧的密闭箱子，整体由竹子编织而成，用纸糊住缝隙；它的内部设有隔层。我们将茶饼放入它内部的上层，下层放置贮火器。贮火器中一般放置热灰，梅雨时节放微燃的炭火。

此外，陆羽在概括唐代盛行的蒸青紧压茶的制作技艺时，还描述了十多种与采摘、加工、储存茶叶相关的工具，并详细解释了每种工具的外形、用途和操作方式。现今，现代半自动和全自动器具已取代了唐朝时期使用的许多器具，然而书中的描述为我们探究制茶器具的发展、变革和进步提供了重要依据。

第二节 唐代茶艺

唐代茶艺在吸收了东晋至南北朝茶文化的优点后，随着唐朝时期政治、经济和文化的繁荣，逐渐形成了独具特色、融合了丰富物质和文化元素的茶文化。唐代陆羽在总结前人经验的基础上结合自己的实际经历写成了《茶经》，这是世界上第一部专门讨论茶的著作。

一、唐朝茶艺的特点

陆羽在《茶经》中十分详尽地阐述了唐代的饮茶方式，对茶的采摘、制作、饮用进行了细化。该时期的饮茶方式主要为煎茶，包括炙茶、贮茶、碾茶、罗茶、择水、烹水煎茶等步骤。这个时期的饮茶特点如下。

（一）茶水的选择

唐代饮茶之风的兴起，使得全国许多地方开始生产茶叶。唐人在煎茶过程中，总结出了茶与水的煎煮关系，择水当选与产茶地相宜的水。故而，中国茶文化自唐代开始，饮茶讲究茶水相宜，茶与水相融合。

山泉水是陆羽最为夸奖的，他还进行了评估和分类。一些远离闹市的山泉水因为随时都在流动，且经过了砂石的层层过滤，洁净度很高，还富含微量元素，可以说是泡茶用水的首选。

陆羽评出最好的是江西庐山康王谷水帘水、第二是无锡惠山寺石泉水、第三是兰溪石下水、第四是峡州扇子山下的蛤蟆口水、第五是苏州虎丘石泉水、第六是庐山招贤寺下方桥潭水。可见，确实是“山水上”的原则。

唐代文人也欣然同意。陆龟蒙在《谢山泉》中记载：“决决春泉出洞霞，石坛封寄野人家。草堂尽日留僧坐，自向前溪摘茗芽。”这首诗的意思：山泉是煎茶的好水，友人用石坛盛装封固后寄给作者，作者十分高兴，急于品尝山泉烹的茶，便留住来访的僧人，邀他共享，自己忙去亲自采摘茶芽来一试。

唐代诗人皮日休有《题惠山泉二首》，其第一首为“丞相长思煮泉时，郡侯催发只忧迟，吴关去国三千里，莫笑杨妃爱荔枝”。当时的丞相为李德裕，为了用惠山泉水煮茶，命令地方官吏从三千里路外的江苏无锡惠山把泉水送到京城里来。虽有讽刺之意，但也可见好茶应当用好水来烹，此乃真意啊！

（二）茶汤的观察

在唐代和南北朝时期，喝茶的方式经历了转变，从最初的煮茶转变为煎茶，同时用少量盐花代替之前的葱、姜进行调味，这有助于人们更深入地了解影响茶汤品质的各种因素。随着时间的流逝，唐代人开始认识到水质和水温对茶的口感和品质有着重要影响。他们也开始注意到不同产地的茶杯对茶的颜色也会产生影响。

（三）烹饮的不同方法

唐代盛行蒸制茶叶，陆羽根据蒸茶方式的不同将茶叶分为粗茶、散茶、末茶和饼茶，其中蒸青饼茶较为盛行。这四种茶的烹饮方法都不同，分别为乃斫、乃熬、乃炀、乃舂。唐代人们开始重视茶叶的制作方法和过程，不同的制作方法产出的茶叶，采用不同的煮饮方式。

（四）茶具的选择

唐朝是中国茶文化发展的重要时期，茶具在唐代也得到了广泛的应用和发展。唐代茶具以瓷器为主，器型多样，有壶、杯、碗、盘、托等。

1. 唐代茶壶

唐代茶壶主要有三种，第一种是小口长颈壶，又称“曲颈壶”。这种茶壶制作精细，能够控制水流速度和水量，非常适合泡茶。第二种是短颈直口壶，也叫“葫芦壶”，这种茶壶形状像葫芦，通常用于泡普洱。第三种是梅瓶式茶壶，这种茶壶形状优美，常被当作工艺品收藏。

2. 唐代茶杯

唐代茶杯的制作材料多为瓷器，器型多样。其中，流花杯是唐代茶杯的代表。

流花杯采用精细的制作工艺，杯口薄而细，杯身通透，杯底浑厚，线条流畅，具有优美的造型和良好的使用效果。

3. 唐代茶碗

唐代茶碗主要有两种，一种是云母石茶碗，另一种是五彩瓷茶碗。云母石茶碗采用优质石材制作，杯口薄而细，杯沿圆润，杯底平稳。五彩瓷茶碗采用五彩釉料涂抹而成，色彩绚丽，具有良好的装饰效果。

4. 唐代茶盘

唐代茶盘主要用于盛放茶具，有多种材质，包括木质、竹质、瓷器等。其中，以瓷器茶盘最为常见，瓷器茶盘釉面细腻，易于清洗，也具有很好的装饰效果。

5. 唐代茶托

唐代茶托主要用于防止茶具滑动和避免桌面被烫伤。唐代茶托的制作材料多为瓷器或铜器，常见的形状有方形、圆形、长方形等，常常在托面上雕刻图案或题词，以增强其装饰性。

6. 特殊茶具

除了以上几种茶具，唐代还出现了一种特殊的茶具——“藏茶瓶”。藏茶瓶是一种陶瓷容器，外形像瓶子，内部中空，瓶口很小，只有拇指大小。唐代人把粉末状的茶叶装进藏茶瓶里，加上热水，轻轻摇晃，就能泡出浓郁的茶水。这种茶具适合旅行或出门在外饮茶。

唐代茶具以瓷器为主，制作精细，器型多样，注重实用性和装饰性。唐代茶具不仅满足了饮茶的需要，也体现了当时社会的审美水平。唐代茶具的独特风格和精湛工艺对后世茶具制作产生了深远的影响，成为中国茶文化的珍贵遗产。

二、唐代的饮茶艺术——煎茶茶艺

（一）煎茶茶艺概说

古代先人最初将茶叶视为药草，他们会从茂盛的野生茶树上采摘嫩叶，先生嚼尝鲜，再用水煮沏饮用。到了秦汉时期后，人们开始采用半制半饮的方式来冲泡茶叶。现在沏茶的方式已经发展到将饼茶在火上烤成红色，然后研磨成细末，过滤倒入壶中，加水煎煮后再加入调料饮用。

在泡茶之前，需先对茶叶进行烘焙处理，将茶叶放置于高温环境下并经常翻动，确保茶叶均匀加热。当茶饼呈现出类似“虾蟆背”的状态时，代表烤制已经达到适当程度。烘烤完成的茶叶要趁热封存，以保持它的香气，待饼茶冷却后再碾碎为粉末。在煮茶时，需要使用风炉和釜来烧水，使用木炭和硬柴作为燃料，并且用新鲜的山水来泡煮茶叶。在煮茶的时候，当水开始冒出小气泡并发出轻微声响时，可以加少量盐来提味，同时去除表面漂浮的“黑云母”水膜，这样能使茶更加纯正地入味。当水边缘不断冒出气泡时，就可以舀出一瓢水，然后用竹筴搅拌并加入碾磨好的茶叶。当茶汤在壶中翻滚时，加入适量的冷水会使水的沸腾停顿，从而提升茶汤的香气。建议在喝茶时尽早品尝，因为茶凉后口感会变差。在喝茶的过程中，第一碗茶的味道是最浓郁的，被人们称为“隽永”，随着接下来每一杯的品尝，茶的味道会逐渐变淡，到第四五杯后，除非极其口渴，不然就没有太大的品尝必要了。

（二）煎茶饮茶法

1. 煮饮法

取适量茶叶，用沸水浸泡，激发它的香气，再加入冷水重新煮沸，然后停火过滤出茶汤，给大家分发品尝。

2. 熬饮法

把茶放入壶中加水熬成浓缩的汁液，再兑开水饮用。

3. 烤饮法

把青茶放入瓦罐内，加火烤至起泡，使其散发悠悠的茶香，然后加水享用茶汤。

4. 擂饮法

青茶入锅加油炒燥后，放入擂钵中，与芝麻、花生、黄豆等食品共同擂成细末，入锅煮沸饮，别有农家风味，是中国古饮法之一，至今在西南各省山区仍很流行。

（三）煎茶器材

①生火的用具：风炉、灰承、筥、炭挝和火筴。

②煮茶的用具：鍑、交床等。

③烤茶、碾茶和量茶的用具：夹、纸囊、碾槽、拂末、罗合和则。

④盛水、滤水和取水的用具：水方、滤水囊、瓢和熟盂。

⑤盛盐、取盐的用具：鹾簋和揭。

⑥饮茶的用具：碗和札。茶碗，即茶瓯。皮日休《茶瓯》诗：“邢客与越人，皆能造兹器。”陆龟蒙《茶瓯》诗：“岂如珪璧姿，又有烟岚色。光参筠席上，韵雅金罍侧。”

⑦盛器具的用具：畚、具列和都篮。

⑧清洁用具：有涤方（贮洗涤过的水）、滓方（盛茶渣）和巾（用粗布制成的擦茶具用的洗巾）。

（四）煎茶选水

唐代人民在品茶时对水质有着严格的要求，这一点在一些古籍中有所体现，从科学角度分析，选择优质水煎茶也是有道理的。最适合煎茶的水是山泉水，其次是河水，而最不适合的是井水。在选择山泉水时，最好选择经过石池缓缓流淌的乳泉水，而不要选择湍急奔涌的水，因为长时间饮用后者可能导致颈部不适。在山谷中，几条溪流交汇，水清澈但静止不流动，这样的水中可能潜藏着危险，也可能已被污染并带有毒性。我们应该引入新的水源，排除污染有毒的水，在新的泉水流到后再进行饮用。江河的水，需要到远离人迹的地方才能获取。井水要从频繁被人取用的水井中获取。

（五）煎茶煮水

唐代人民煎水讲究“三沸”，用三沸水煎出的茶被称作“三沸之汤”。

1. 鱼目沸

水刚刚煮沸时，就像鱼吐的泡泡并有轻微的声响，这被称作“一沸”。李群玉《龙山人惠石廪方及团茶》诗：“滩声起鱼眼，满鼎漂清霞。”如果细分，还可以将水刚开始沸时稍小的水泡，称为“蟹眼”，之后出现的较大水泡，称为“鱼眼”，如皮日休《煮茶》诗：“时看蟹目溅，乍见鱼鳞起。”

2. 连珠沸

锅的边缘有泡像连珠般地往上冒，称作“二沸”。皮日休《煮茶》诗：“香泉一合乳，煎作连珠沸。”

3. 鼓浪沸

水波翻腾常被人们称为“三沸”。如果水被煮得太久，它的味道会变差，不太适合人们饮用。当水开始沸腾时，我们需要加入适量盐进行调味，切勿因为没有味道而过量加盐，这会掩盖茶的原本风味。在水烧开后，我们舀出一瓢水，然后用竹筴在开水中旋转并将茶叶倒入漩涡中心。不久后，水开始翻滚，波涛汹涌，水花四溅，形成了沫饽。我们将之前舀出的水倒回去，停止水的沸腾，从而维持水面上形成的“华”。在诗文中，多把“华”写作“花”来表示沫饽，如刘禹锡《西山若兰试茶歌》诗：“骤雨松声入鼎来，白云满盌花徘徊。”《尝茶》诗：“今宵更有湘江月，照出菲菲满盌花。”

（六）煎茶品茶

我们把水初次沸腾在表面形成的薄膜清除掉，接着，用勺子盛出锅中的第一道水。它的口感十分鲜美，被人们誉为“隽永”，通常将它存放在“热盂”里，用于育华止沸。人们在品茶时，第一至三碗的茶的口感会逐渐变差，只有在极度口渴的情况下，才需要喝第四或第五碗茶汤。煮完的茶水应趁热喝完，因为随着茶渐渐变凉，热气将会逐渐散发，而飘在液体上方的精华也就随之消散。同时要注意的是，喝太多茶也会对我们的身体造成负面影响。

在喝汤时，我们用勺子把表面的泡沫轻轻搅拌使其均匀分布。“沫饽”是指茶汤的精华部分。不同的泡沫形状也有不同的叫法，其中薄的叫“沫”，厚的叫“饽”，细轻的叫“花”。“花”的形状有的像是悠然漂浮在圆形水池上的枣花，有的类似于深邃水潭中蜿蜒曲折的轮廓，还有的像是天空中飘飘荡荡的薄片状云朵。“沫”仿佛是漂浮在水面上的苔藓，又像是落在杯中的菊花；“饽”是指水煮沸后会在表面形成的一层厚厚的白色泡沫，就像洁白的积雪。

第三节　唐代茶叶产业

唐代茶叶利用走向成熟，进入我国茶叶发展的兴盛时期，唐代是我国茶叶发展历史上的一个极其重要且有标志性意义的时代。唐代经济繁荣，前期主要表现为农业生产的兴盛，中期以后主要表现为工商业，特别是商业的兴盛，经济繁荣带动了茶叶生产和茶文化的发展。

唐代茶叶产区广布南方各省，茶园面积迅速扩大。饮茶风俗由南方传播到北方，各地和各个层次的人群都开始饮茶，茶叶消费量大量增加。贡焙制、茶税、茶马交易等都在唐代开先河。

一、唐代的茶叶产地与种植园

（一）唐代的茶叶产地

《茶经·八之出》将唐代的产茶区域分为 8 个茶区，包括 1 个郡和 42 个州。[①]中国农业科学院茶叶研究所主编的《中国茶树栽培学》认为，唐代茶区除《茶经》

① 范伟主编：《茶经》，中国画报出版社 2011 年版，第 186 页。

所载的43个州郡外，实际上还有33个州，共计76个州。另外，唐代云南的南诏已分裂为南诏国，陆羽《茶经》中的茶区未记述云南的茶产地。当时云南西双版纳一带茶叶采制粗放，但也已成为商品，可以运销巍山、南涧。唐代茶区已遍及四川、重庆、陕西、湖北、河南、安徽、江西、浙江、江苏、湖南、贵州、广西、广东、福建、云南15个地区。

（二）唐代的茶叶种植园

在唐代，随着商品交易的兴盛、市场的繁荣，茶叶等商品性农产品开始迅速兴起。茶业在农业和手工业领域表现出色，被人们视为充满活力、潜力巨大且前景光明的行业。在唐代，有些茶叶种植园的生产方式和劳动形式与其他种植园有所不同。总的来说，茶园可以分为官属茶园（由政府管理的茶园）、地主私营的茶园、寺院茶园以及茶农小茶园。

1. 官属茶园

根据历史记录，唐朝统治者拥有许多茶园。自公元821年起，这些茶园开始由专门的官员管理，他们是隶属于各州县政府的。在满足皇室需求并监管民间茶叶产业方面，唐文宗时代的王涯和郑注集团曾努力将江南地区的私人茶园收归国有。这一举措遭到了茶农和茶商的极力反对，再加上王涯等人在政治竞争中的挫败，导致民营茶园被收回国有的政策未能实施。政府不仅在地方设立了茶园，还在各地开设了专门进行茶叶烘焙的场所。这个茶叶烘焙地主要处理贡茶、官方用茶和地方官员自留茶。湖州和常州是唐代两个知名的出产贡茶的地方，在这两个地方出产的顾渚茶和阳羡茶因为品质优秀、工艺精湛而闻名世界各地。

2. 地主私营的茶园

在唐代，一些地主不仅拥有大片肥沃的土地，而且在产茶区还拥有茶山或茶园。这些茶园是私人拥有的，因此它们的规模、经营方法和雇员身份与其他茶园有所不同。白乐天的庐山草堂周边拥有一个规模较小的茶园，是其住所的次要配套设施，主要由家中的仆人来管理。产出的茶叶主要用于满足自己的需求，对社会经济影响不大。陆龟蒙的茶园规模较大，而且他拥有广阔的耕地以及大量的劳力和畜力，因此他采用租佃制度经营茶园，并从中获得茶租。这种茶园所产的商品，在付出规定数量的茶租后，剩余的将用于交换。张守珪经营的茶园和前面提到的两个茶园都有很大的区别，他是一位专门种植茶叶的大型茶园主，每年都要雇用一百多名茶工来协助茶叶的生产。从他雇佣的工人数量可以看出他的茶园规模相当大。茶园工人以雇佣的方式参与工作，这种劳动方式在封建经济体系中是新兴的。这个茶园生产的商品大多走销售渠道，因此对社会经济的影响较大。

在唐代，种植茶叶的园主大多是官僚地主或士大夫。许多富有的地主在江南名茶产区投资建设茶园，以牟取利润。除了留下一部分自用，他们将剩余的茶叶出售到市场上。因此，私人地主与茶叶市场之间有着紧密的联系。

3. 寺院茶园

在唐代，茶叶已被寺院僧侣视为日常生活中必不可少的消费品之一。江南地区的许多庙宇都在自家庙院种植了茶叶。唐代佛教繁荣，僧侣不仅喜欢饮茶，还在寺庙附近开垦土地以种植茶叶。

在寺院的茶园中，经过僧侣的精心照料和培育，许多高品质茶叶逐渐成熟。在江南名茶的形成和发展历程中，僧侣阶层发挥了重要作用。江南地区拥有许多名山，山峦层叠，景色迷人，非常适合隐士隐居修行，因而这一地区的古寺名刹遍布。由于佛教僧侣与茶之间有着悠久的历史渊源，而且僧侣对茶叶的发现、栽培和制作过程非常重视，因此他们有着不被外人所知的珍贵技艺。随着文人与僧侣之间的互动日益频繁，那些由僧侣制作出的藏匿在山林中的顶级茶叶也逐渐传播至社会，成为备受瞩目的名茶之一。

水月茶由江苏洞庭山水月院的僧人所研制，可以说它是皖南“屯绿茶”的前身。惠明寺的僧人用心栽培的惠明茶也是当地著名的佛茶之一。罗汉供茶起源于浙江天台山佛寺；香林茶最初是由杭州法镜寺提供的；云雾茶最初是由江西庐山、云居山和安徽黄山的僧侣所栽培和加工制作的名茶。另外还有历史悠久的径山茶、虎丘茶、松萝茶、杭州宝云茶等，它们同样属于寺院产出的茶。

一般而言，唐代江南寺院的茶园规模较小，通常由低级僧侣负责管理、采摘和加工，这些茶园所产的茶叶很少被用作交易。在当时，寺院的茶园和市场并没有密切的联系，产出的茶叶主要用于寺内食用以及款待客人。

4. 茶农小茶园

在茶叶的产地依然有许多茶农经营着小规模的茶园，这些茶农是唐代茶叶的主要供应者。随着唐朝时期的兴盛，我国的经济重心逐渐向南方转移，南方经济实力逐渐增强，为茶叶生产提供了有利条件。隋代开凿的大运河为南北之间的经济文化互动提供了更为便捷的渠道，南方的喝茶习惯也逐渐传到北方，使得北方居民逐渐爱上了饮茶，甚至偏远地区的一些少数民族也逐渐嗜茶。随着时间的流逝，北方茶叶市场逐渐扩大，茶叶商品化的进展也在加速。这些茶农将茶叶生产视为首要任务，像独立耕作的小农一样，依靠自己的小茶园来维持生计。但由于

其经济条件有限，生产规模难以进一步扩大。此外，在一些茶叶产地，还有一些小农通过采集野生茶叶来提高经济收入。

这些茶农的生活极为艰苦。每到春天采茶季节，使臣官吏就来催促采摘、焙制贡茶。唐代诗人袁高的《茶山诗》描绘了这些茶农的悲惨生活。

人们需要向朝廷官员缴纳一定的税赋才能进行自己的采摘工作。茶园里的人无论男女老少，都在清晨出发采摘茶叶，然后回来进行焙制加工。种植茶叶的人需要缴纳税款，并且不得私自销售。茶农无法依靠种茶维持生计。有些茶农被迫出售他们的茶园，但受限于政府规定，他们也只能选择砍伐茶树来表达他们对封建统治者的不满。一些茶农和茶贩结成联盟，共同合作，团结村落居民，用武力抵抗压迫他们的势力。

二、唐代的茶叶产品

唐代茶叶生产获得了很大的发展，许多茶叶产地都出现了品质优异的名茶。在当时比较出名的大部分都是蒸王青团饼茶，少量是散茶。唐朝初年最有名的茶便是蒙顶茶，其次为湖、常二州的紫笋茶，其他则有产于湖州的顾诸紫笋，产于常州的阳羡茶，产于寿州的寿州黄芽（又名霍山黄芽），产于湖北蕲春的蕲门团黄，产于东川的神泉小团，产于福州的方山露芽（又名方山生芽），等等。当时唐代生产的主要名茶有 150 多种。下面，针对当时最出名的三种茶进行简要介绍。

作为茶道大兴时期的大唐，产茶区有 43 个州郡，自然有着诸多贡茶与名茶。但有资格名列前三的，只有紫笋茶、阳羡茶、蒙顶茶。

（一）紫笋茶

紫笋茶，属于蒸青绿茶团茶，产自唐代吴兴顾渚山（今浙江湖州），出自大唐贡茶院。

紫笋茶是大唐第一名茶。其盛名彪炳于唐，得益于唐朝皇室的热爱、陆羽《茶经》的描述以及诸多文人名士的推崇。

紫笋茶的诞生，略早于大唐贡茶院。但其能真正成名，与公元 770 年成立的大唐贡茶院息息相关。紫笋茶是占据唐朝贡茶主导地位的两大贡茶之一。而紫笋茶，也可称为大唐第一贡茶。

紫笋茶是华夏千年贡茶，拥有着独特的历史地位。自唐至明，连续进贡长达 876 年。如果从南朝宋的乌程御荈（紫笋贡茶的前身）算起，则长达 1100 年，是真真正正的华夏千年贡茶。它是中国贡茶中进贡历史最久、制作规模最大、数量最多、进贡时间最长的贡茶，堪称中国贡茶之最。

（二）阳羡茶

阳羡茶，属于蒸青绿茶团茶，产自唐代义兴县（古称阳羡县，今江苏宜兴），出自大唐贡茶院。阳羡茶是占据唐朝贡茶主导地位的两大贡茶之一。

唐朝吴兴（今湖州）的紫笋茶，以及阳羡（今宜兴）的阳羡茶，有时也统称为紫笋茶，作为唐朝皇室最受追捧的贡茶而响彻天下。

阳羡所出的“阳羡茶”蜚声大唐，是唐代著名贡茶之一。公元766—768年，李栖筠担任常州刺史期间，遇山僧进茶，经来访的陆羽品鉴为绝世佳茗，遂献于唐代宗李豫，定为贡茶阳羡茶。

此后不久，公元770年大唐贡茶院成立，主要生产紫笋茶和阳羡茶。可以说，陆羽的推荐和阳羡茶的诞生，大大促进了大唐贡茶院的设立。

阳羡茶约始于汉，盛于唐，极于明。唐代卢仝在有“千古第一茶诗”之称的《走笔谢孟谏议寄新茶》中曾经盛赞：“天子须尝阳羡茶，百草不敢先开花。”

有陆羽推荐，又有卢仝盛赞，阳羡茶也就得以蜚声大唐，成为唐代名列前三的茶叶产品。

（三）蒙顶茶

蒙顶茶，又名蒙山茶、蒙顶山茶，是蒸青绿茶团茶，产自四川雅安的蒙顶山（蒙山）。

古之巴蜀，在人类茶史上有着独特的历史地位。巴蜀是世界茶文化的起源地，早在三千年前的西周初期，蜀茶已作为贡品进贡。汉晋时期，蜀茶名声已流传九州，声名极盛。初唐时期，蒙顶茶堪称大唐第一名茶。相比于紫笋茶与阳羡茶，蒙顶贡茶产生得更早，盛名更是流传于九州。但是因为产量太低及中唐战乱，其在唐朝的影响力远不如紫笋茶和阳羡茶，因此只能屈居第三名茶之位。

陆羽的《茶经》是一部包含了从茶树起源到种茶、制茶、煮茶、饮茶；从生产工具到煮茶、品茶用具；从茶叶产地到产品、品质；从烤茶用火到煮茶用水；从古代的茶事记载到当时的茶叶产制和利用等所有内容的茶叶专著。在陆羽之前，饮茶和煮菜吃没有区别。有了《茶经》之后，人们才知道茶是怎么回事。陆羽论茶，远近倾慕，于是茶道大行。另外，除了陆羽所写的《茶经》，还有其他的一些关于茶的著作，比如唐末五代韩鄂的《四时篡要》更是详尽地记载了当时种茶、收茶籽、采茶、制茶的方法。这些都可以说明唐代的茶叶技术已经成熟。种茶、制茶、饮茶技术成熟是唐代茶业产业发展的一个重要转折点。

三、唐代的茶叶贸易

在唐代，茶叶的生产和销售蓬勃发展，饮茶的风气愈发流行，因此贩卖茶叶成了商人的赚钱好途径。贩卖茶叶的有富商，还有小摊贩和扛着茶担的个体经营者，他们搭建了一条连接茶叶生产和市场的桥梁，为唐代茶业的蓬勃发展提供了推动力。

（一）茶商种类

随着唐代茶叶市场的形成，茶商资本不断膨胀，茶商迅速成为一支专业商人队伍。其实唐代以前茶商既已出现，但力量不强，资本无多。最早于西汉王褒的《僮约》中可见当时从事茶叶买卖的商人。西汉以后，茶叶市场不断发展，茶商队伍也随之壮大，而茶商群体的骤然崛起则是中唐时期的事，其资本、人数、活动区域比历史上任何时候都要宏大。在唐代货茶商人队伍中，大致可分为以下几种不同类型的人，即官商、私人茶商、茶商小贩。

1. 官商

茶叶贸易的日渐繁荣不但使商人从中牟取了暴利，更是引起了政府的注意，政府通过茶叶交易获取高额收入从而充盈国库。但是官吏通常会因为内部腐败而经营不善，不能获取理想收益。

2. 私人茶商

在唐代时期，许多私人茶商在茶叶贸易中扮演着关键的角色，他们将茶叶从遥远的茶山运送到各地销售，是生产和销售之间重要的桥梁。这类人通常是一些财力雄厚且拥有雇工的商人。他们往往与政府相连，躲避茶叶税收，私自贩卖茶叶和盐巴，阻碍国家政策的实施。这类人在茶叶出售中获取的利润占比最大。

3. 茶商小贩

茶商小贩是做小规模生意的个体商贩。他们通过贩卖茶叶维持生计，其中有一部分人借此积累财富，扩大经营规模，逐渐成为知名的茶叶商人。然而，随着茶税不断上涨，许多人发现自己面临着失业的危机，因此有一部分人选择寻求大茶商的帮扶，代价就是必须接受大茶商的操控。

（二）茶马贸易

古代中央政府与边疆地区的少数民族之间进行了一种以茶叶换取马匹的贸易

活动，被人们称为茶马贸易或茶马互市。它的兴起主要是由于市场的壮大。在唐宋时期，中央封建政权与周边各民族之间经常进行贸易往来，这是双方社会经济发展的必然结果。

随着唐代中央政权范围的不断扩展，一个庞大而复杂的市场网络逐渐成形。在这个网络中包含了多种不同的水陆交通枢纽，这也促进了各个行业商家之间的密切合作。随着生产力的不断提高，商业基础得到了进一步的完善和拓展。

在唐代，茶叶贸易在南北方市场兴盛，茶商相互往来频繁。通过茶马互市和私人茶商的活动，南方产的茶叶也能被运往边疆民族地区，茶叶逐渐成为他们日常生活中不可或缺的商品。另外，也有一些私人茶商前往边疆地区与少数民族进行贸易。在唐代，茶文化和茶叶贸易在边疆民族地区蓬勃兴起，这显示了当时茶叶市场的繁荣，并凸显出茶叶商人的经营范围之广。让我们重新回顾一下公元 5 至 6 世纪时，北方人对南方人喝茶的轻视态度。而到了唐代，就算是生活在边疆的少数民族也开始盛行这一文化。这一社会风尚的转变，推动了唐代茶叶产业的不断壮大。在五代宋初时期，茶已经成为一些少数民族人日常生活中必不可少的必需品。在王室聚会中，迎宾招待时总是供应茶水，这也使茶马贸易成为封建政府重要的经济支柱之一。

1. 茶马互市的特点

唐代时期，茶叶种植逐渐广泛化，由此带动了茶业经济的异军突起。唐代茶叶则借助互市贸易，以广阔的市场为前提带动了全国各地人们的全面交流与融合。大唐的茶叶从中原地区传播到周边少数民族聚居区域，成为他们的生活必需品并适应性地向外延伸、扩张。

（1）广泛性

四川、湖南和湖北等地区是主要的茶叶产区，而西北地区则以出产优质马匹而闻名。由于彼此需求互补，它们之间形成了一个独特的贸易网络，南方向北方输送茶叶，北方则向南方输送马匹，即所谓的茶马互市。中原王朝北部的契丹和女真，以及西南部的吐蕃和大理政权，都参与了这个跨地区的贸易。在这次南北货物交换的贸易中，市场经济的力量默默发挥着作用，展现出良好的效果。茶叶是北方民族不可或缺的商品，借助茶马互市的贸易网络，可以迅速送达各个家庭。茶马互市的广泛性可在这一细节中得到体现。

（2）互动性

中国是一个多民族国家，因此，中国的历史也可以看作不同民族相互交融的历史。不同族群在长期共处的过程中相互交流、融合，促进了彼此文化的交流与融合。在互市区域的许多城镇，汉族与藏、回等其他民族和谐共处，展示各自的文化特色。随着贸易规模的扩大，出现了许多能说吐蕃语的汉族和懂得汉语的吐蕃族。“通事”“牙人”在茶马互市中扮演了非常重要的角色。各民族之间相互学习语言，推动了跨境贸易的繁荣，加强了各族群之间的情感联系，促进了不同族群之间的相互了解。

（3）带动性

在唐宋时期社会经济蒸蒸日上的背景下，茶马互市繁荣兴旺的市场也带动了周边小集市的繁荣。这股强劲的推动力不仅在中原地区有着明显效果，还扩展到周边各个少数民族聚居地区，加强了商贸联系，促使商品流通范围显著扩大。大量的产自东南地区的茶叶被运往靠近少数民族居住地的地方。在宋代，除了用茶叶贸易来换取马匹外，内陆地区还通过互市这一渠道将大量农产品和手工业产品输送到民族地区。可以看出，中原地区和民族地区之间的商业贸易已经从偶发事件变成了体系健全、规模宏大的市场交流活动。

2. 茶马互市的作用

（1）推动了中原王朝与周边少数民族的经济文化交流

茶叶的引入改变了契丹人的饮食方式，茶叶贸易也深化了双方的文化交流。契丹人逐渐接受并喜欢上茶叶是因为茶叶能够解渴提神，促进消化。同时，中原的茶礼和茶风逐渐融入契丹文化中，成为其饮食文化的关键元素。

此外，在藏族传统饮食中，牛羊肉以及酥油富含脂肪和热量，但缺乏维生素。茶叶营养物质丰富，有助于促进消化，还具有清热解毒的作用。自公元641年文成公主出嫁西藏以来，茶叶作为一种特殊的商品开始在藏地上流传开来，逐渐成为藏族人生活中不可缺少的重要物品。茶叶富含茶多酚、氨基酸、维生素等多种对身体有益的药用成分，对缺乏药品的藏族人民来说，具有预防疾病的重要作用。藏族的医书中也把茶视为治疗感冒、风寒和腹泻的有效药物。通过这些，我们可以理解为什么历代赞普、寺庙的喇嘛以及普通百姓会将茶叶视为神圣之物，并对茶叶情有独钟。多年来，酥油茶独特的口味不仅受到了藏族人民的喜爱，并且对它的饮用已经成为他们生活方式的一部分，酥油茶常被用来款待重要客人。

茶马贸易的兴起也推动了其他商品的跨境流通，促进了边疆地区的经济繁荣，加强了各个少数民族和汉族之间的科技、文化互动，促进了不同民族之间的融合。

（2）成为中原王朝控制周边少数民族的有效手段

经济、政治和军事三者之间存在密切的联系。任何政权的政治和军事地位都会在缺乏经济支持的情况下变得脆弱。唐宋以来，汉藏茶马贸易蓬勃发展。互市开始被国家有意识地整合，用作政府在军事和政治方面的支援工具。只要成功经营茶马贸易，政府就可以避免过度依赖军事和政治手段来镇压这些民族。通过茶马互市，政府可以通过控制茶叶的出口来对另一方施加影响；另外，增加充足数量的马匹，可以增强自身的军事力量，从而抵御对手的攻击。汉藏民族茶马互市在唐代初期被视为一种互惠互利的商业活动，几乎不受官方干预的影响。但随着宋代时期的到来，中央政府需要招募更多的士兵和购买更多的战马以增强国力，导致茶马贸易逐渐被政治化。

（3）促进了唐宋茶叶生产的发展和市场成长

在唐代前期，政府经常使用铜钱或绢帛来交换马匹，大大增加了政府的财政压力，但通过以茶叶换取马匹可以在很大程度上减轻这种负担。频繁且规模庞大的茶马贸易推升了茶叶价格，再加上唐代政府多方面的支持，进一步激发了茶农对种茶的热情。宋朝政府严重缺乏战马，因此决定通过以中原茶叶换取战马的方式来巩固政权，也进一步促进了茶叶的生产与发展。茶业经济在唐宋时期崭露头角，其繁荣与茶马贸易密切相关。换句话说，茶叶种植的普及是建立在市场广泛需求的基础上的。茶叶通过互市贸易途径进入中原地区，然后逐渐传播至周边少数民族聚居区，并成为他们生活中必不可少的商品。中原市场经济的强大推动了地区发展，并且周边民族地区市场的发展需求急迫。这两种经济力量之间的互动促进了双方之间不断增加的贸易活动。

四、唐代的茶文化消费群体

饮茶非常普及是唐代茶文化的又一特点。在唐代茶道大行，茶已经成为全国性“比屋皆饮”的饮料。茶树是南方作物，早期种茶、饮茶在南方已经得到了普及，但是北方人民饮茶不多。开元以后，僧人饮茶带动了北方民间的饮茶之风。从地域上看，先是南方人民种茶、饮茶；发展到北方多开店铺，煎茶卖之；随后茶文化与大唐文化一起流于塞外，饮茶在全国范围内得到了真正意义上的普及，饮茶的地域性基本消失。从消费人群看，僧尼、道士饮茶，皇帝饮茶，文人饮茶，军人饮茶，形成了不同类型的茶文化消费群体。

不同类型茶文化消费群体的形成和各阶层饮茶人群的经济条件、文化素养、审美情趣是分不开的，所以不同的群体都有自己的特点。

（一）寺院

茶叶发展与佛教有一定关系。唐代寺院茶文化的参与人群是一个很大的群体，以僧侣为主，官员和文人也参与其中。寺院茶文化的主要特点如下。①茶禅结缘，形成了茶禅文化。僧人利用茶布道弘法、陶冶性情，在饮茶中追求“恬淡闲寂”。②种茶、制茶、煮茶、饮茶相结合。南方寺庙的气候、土壤适宜种植茶树，许多庙宇都种茶、制茶、煮茶、饮茶，形成了无僧不嗜茶的风尚。③茶、禅、诗相结合。很多诗人、僧客等将茶与自身联系起来，抒发情感。④对外传播茶文化。⑤茶文化与研究茶叶制作技艺相结合。僧侣在茶的种植、饮茶习俗的推广、茶宴形式和茶文化等各个方面，都有着重要的贡献，有力地促进了我国乃至世界茶业的发展。

寺院茶文化的形成离不开佛教倡茶。佛教倡茶至少有三个方面的原因。一是茶有三德，符合佛教的要求，饮茶坐禅时可通夜不眠，满腹时可助消化。二是茶主清静，僧侣通过饮茶把自己与山水、自然融为一体，在饮茶中可以体验美好的韵律、精神开释。三是茶禅一味，异曲同工，参禅的妙悟是“空”，饮茶也能领悟到“空”，饮茶后留存在口舌之间的只有回味，并无一物。

寺院不是最先种茶、饮茶的地方，茶文化也应该不是寺院的发明，但是在唐代社会中，寺院和僧侣，与宫廷、文人、民众在政治、经济、文化上均有千丝万缕的联系。民间种茶、饮茶，茶文化传入寺院，通过僧侣的改造和提升，再从寺院传播开来。唐代寺院及其僧侣加速了种茶、制茶、饮茶知识的推广与传播。

（二）宫廷

1. 赐茶

赐茶是宫廷茶俗的一种，是宫廷茶仪的重要组成部分。贡茶入宫，除供皇帝使用外，皇帝常有赐茶之举。如唐代的贡茶在祭祀之后便要赏赐给亲近大臣，随后赐茶对象也在不断扩大，得赐者有军人、学士等。赐茶的目的或为犒赏将士，或为优遇文人、笼络近臣，目的性非常明确。这种由皇帝遣宦官专赐，臣下得茶后上表谢赏的习惯，在唐中后期成为上层社会的一种隆重礼遇。

尽管宫廷赐茶受宫廷仪规的限制，因严肃、隆重而显得不够活泼，但宫廷赐茶仍有“和”“敬”的因素在内。在当时人看来，皇帝踢茶，首先表现的是一种恩宠、一种荣幸，是一种君臣关系的调和剂。

2. 茶宴

茶宴源于唐代，其中最为豪华的是“清明宴”。唐朝皇宫在每年清明节这一天，要举行规模盛大的“清明宴”并以新制的顾渚贡茶宴请群臣。其仪规是由朝廷的礼官主持，有仪卫以壮声威，有乐舞以娱宾客，还有用以辅茶的各式糕点，所用的茶具也十分名贵。其目的就是以浩大的茶事来展现大唐富甲天下的气象，显示君王精行俭德、泽被群臣的风范。

彼时来自全国各地的优质茶叶贡品齐集长安城，皇上选择贡茶中的上品，召集四海群臣进宫同享盛世清明宴，并亲自煎茶以敬天地祈得风调雨顺，以祭列祖列宗祈得国泰民安。皇帝在收到贡茶后，先行祭祖，后赐给近臣宠侍，并在清明节这一天摆“清明宴”，以飨群臣。20 世纪 80 年代，陕西法门寺出土了大量晚唐时期宫廷（供佛）系列茶具，包括烹煮器、贮茶器、焙炙器、取火器、碾罗器、贮盐器、点茶器、饮茶器、佐食器具、洗涤器等。其中很多茶器与陆羽《茶经》所述茶之器相吻合，证明晚唐宫廷茶礼仪已达到了巅峰，也让我们见识到晚唐清明宴的奢华程度。

从中唐时期开始，朝廷开始寻求通过其他方式来获取贡茶，不再只依赖各地的“土贡”制度。在大历至贞元年间，朝廷在浙江湖州顾渚山创立了一个皇家贡茶院，涵盖了管理、栽培、收摘和加工的全过程。颜真卿是一位著名的书法家，据说在担任湖州刺史时，曾经前往贡茶院监制贡茶。在茶宴临近之际，贡茶院集结了上千名工匠和数万名茶农，夜以继日地生产。随后，借助专门的运输组织“驿传”，利用快马快速传递的方式，持续不间断地运送，最终于茶宴前一天到达都城长安，因而这种茶叶得名“急程茶”。

茶宴达到巅峰时是在皇帝“祭祖庙”后，把最好的贡茶分赠给官员、老年人、先贤等人，这是最受赞扬的待遇，同时也鼓励了人们在上表中表达感激之情的风气。在朝廷“茶政”的引领下，中晚唐时期，除了一年一度的清明宴，文人茶宴、民间茶社蔚然成风，喝茶渐成“国饮”。不管南方北方、城市乡村，上自皇室权贵，下到贩夫走卒，无不饮茶。饮茶、咏茶、以茶会友遂成雅事，茶诗、茶画、茶书大量涌现，《茶经》问世后，更是风行一时。

3. 宫廷糕点——茶果子

在茶业繁盛的唐朝，依附在茶道中的副产品——茶果子也随之出现。茶果子源自唐朝，与茶道文化相配，是五感的艺术，最早用于皇宫盛宴。

在饮茶之风普及全国的唐代，出现了一边饮茶一边吃茶点（面点）的习俗。而当时随着中日经济、文化交流越来越频繁，当时的很多宴席款式、面点也都传入日本，其中面点传入得较多，日本人统称之为“唐果子”。

茶果子外形精致小巧，颜色亮丽，多以花果为原型雕刻制作，制作工艺也是十分精细。

4. 宫廷茶具

唐代宫廷对饮茶之道十分重视，派人设计制作了华贵精美的茶具，法门寺系列茶具是其中的佼佼者。法门寺茶具向世人展示了唐代宫廷茶具的独特辉煌气象，折射出大唐宫廷茶文化的精神境界。唐代宫廷茶文化是大唐茶文化趋向成熟的历史标记。

唐代法门寺地宫文物中，有一套唐僖宗供奉的系列茶具，是迄今为止世界上最早、等级最高、最为精美的系列茶具。它证明了茶道起源于中国这一历史事实。

金银丝结条笼子：烘焙器，即将加工的茶饼置入晾干。其由金、银丝编织而成，由笼盖、笼体、提梁组成，高 15 厘米、重 355 克。盖心以金丝编成塔状，衬以金丝花瓣，塔状物四周各饰一金丝团花。上下口沿及笼底沿均镶以金、银片。笼盖、笼体、提梁饰涡状金花带，四足膝部饰髯龙头。工艺精巧，美轮美奂，叹为观止！

鎏金银茶碾子与碣轴：鸿雁流云纹银茶碾子，高 7.1 厘米、长 27.4 厘米、宽 4.4 厘米、重 1168 克；浇铸锤击成型，纹饰鎏金；长方形，由碾槽、辖板、槽座组成。碾槽呈半月形尖底，嵌于槽座内，槽口插置辖板。槽身两端呈如意云头状，两侧饰一鸿雁与流云纹。座壁承镂空壶门，錾天马流云。设计精巧，精美华贵。碾板等处均画“五哥”字样。

鎏金仙人驾鹤纹壶门座茶罗子：碾罗器。其由盖、罗、罗架、屉、器座组成；长方形，高 9.5 厘米，重 1472 克。盖面錾两相对的飞天。盖刹四侧各饰和合云纹，两侧饰如意云头，刹边饰莲瓣纹，盖立沿饰流云纹。罗架两侧刻头束髻、着褒衣的执幡驾鹤仙人，另两侧錾相对飞翔的仙鹤。罗、屉均作匣形，两层中夹罗网。座镂桃形壶门。罗底錾文，并有墨书、画文“五哥”。

另外，法门寺出土的茶具系列中还有摩羯纹蕾纽三足架银盐台、鎏金蔓草纹长柄银匙、鎏金飞鸿纹银则等，举世瞩目。这套茶具涵盖了茶叶的贮存、烘烤、研磨、过滤、煮沸以及饮用过程中所需的所有器具，包括了茶篓、茶研、滤茶器、茶炉、茶匙、茶盘、茶碗、杯垫和调味料容器等。这套茶具是国内已知时间最久远、规格最全、品质最高的一组，茶具质地高级、造型美丽、工艺精湛、种类齐全、设计合理。非常珍贵，是独一无二的工艺品。它展示了中国唐代茶文化的辉煌，以精美的设计、深刻的寓意和古朴典雅的风格，彰显了中国在金、银器具制作方面的卓越工艺水平。

（三）文人

唐代文人茶文化参与人群的主体是诗人、书法家、画家、音乐师、文官和隐士，当然也不排斥僧侣的参与。文人茶文化的特点如下。一是茶的人格化，以茶喻人、以茶明志、以茶抒情。二是崇尚茶叶的高雅、圣洁。三是借茶抒怀，人生理想通过饮茶得以升华，卢仝的“七碗茶诗”就是很好的例证。四是崇尚自然，重视清雅俭朴，强调饮茶的时空环境。五是成果丰硕，文人茶文化在唐代取得了丰硕成果，李白、白居易、刘禹锡等著名诗人都写过许多富含哲思的茶诗。在唐代，茶诗、茶文、茶歌、茶画等创作在数量和质量上均达到了历史上前所未有的高度，堪称是前所未有的进步。唐代社会为文人茶文化的兴盛提供了有利环境。另外，开放的文化政策为文化领域的交流和繁荣提供了推动力。同时，科举制度的引入破除了自魏晋时代以来一直存在的门阀制度，为唐代文人提供了一个在开放、清新的社会环境中发展的机会。在我国诗歌史上，唐代被称为黄金时期，也是茶文化蓬勃发展的时期。

（四）大众

唐代大众茶文化的主要参与者是茶农、商人、平民百姓。唐代民间以茶拜神、以茶祭祖、以茶待客、以茶聚会、以茶解渴已经形成风俗。唐代大众茶文化的特点如下。一是基础性，社会大众是茶文化的土壤，茶叶生产是茶文化的基础，茶文化是生活文化，离开物质生产作为基础，就没有茶文化可言了。二是普及性，唐代饮茶空前普及，带动了茶文化的普及。

唐朝茶文化兴盛的原因有很多，涉及国家和社会的方方面面。但其中最根本的一个原因，自然离不开大唐的强盛和繁荣。唐朝政治清明、经济发达，尤其在对外交流领域。时至今日，在很多欧美国家，仍然能看到华人聚居的唐人街，这就是一个最好的证明。

在唐朝时期，还出现了茶百戏。茶百戏又称分茶、水丹青、汤戏、茶戏等，是一种能使茶汤纹脉形成物象的古茶道，其特点就是仅用茶和水不用其他原料就能在茶汤中显现出文字和图。这种颇有趣味的形式广泛受到当时大众的欢迎。

第四节　唐代茶与文学

论及唐朝，就不得不提唐朝蓬勃的文学艺术。前、中期的鼎盛局面、开放包容的社会氛围，给予了文人墨客挥洒满腹才华的极大空间；后期颠沛流离的生活，则又激发了他们满腔的忧思愁绪。这些都促使了文学的创作与诞生。同花鸟星月一样，茶作为唐朝江山不可忽略的一分子，也被众多诗人加以引用，从而诞生了许许多多的茶文学。

一、唐代茶诗

唐代文学的一颗璀璨明珠就是诗歌。而茶作为一种融入唐人生活当中的文化，渗入诗坛则是必然。许多著名诗人，如白居易、李白、卢仝、皎然、齐己上人、皮日休、陆龟蒙、杜牧、刘禹锡、温庭筠、韦应物、孟郊、颜真卿、岑参等都写过咏茶诗。《全唐诗》中有茶诗 500 篇，有茶诗作的诗人或者说文学家有 130 余人，诗体涉及古诗、律诗、绝句、宫词、联句、宝塔诗等，内容涉及陆羽、名茶、茶具、茶园、茶功能、采茶、造茶、煎茶、饮茶等各个方面，茶诗可谓成风成派。

（一）白居易的茶诗

将茶文化很好地移入诗坛，使得茶不仅能与“柴米油盐酱醋”为伍，还能与“琴棋书画诗酒”做伴，开一代茶诗之风的茶史功臣当属号称“别茶人”的白居易。

白居易，字乐天，号香山居士，又号醉吟先生，是唐代伟大的现实主义诗人，有“诗魔”“诗王”之称，其诗歌题材广泛，形式多样，语言通俗。据史籍记载，白居易极爱茶，终日乃至终生与茶为伴，且善辨茶的好坏。白居易总共存诗 2800 首，以酒为主题的有 900 首，以茶为主题的有 8 首，而叙及茶事、茶趣的则有 60 多首，堪称之最。即使是在其代表作，著名的千古名诗《琵琶行》中，白居易除了表达对琵琶女的同情之外，也为茶史留下了一段可考证据，如白居易在《琵琶行》中所述的“商人重利轻别离，前月浮梁买茶去。去来江口守空船，绕船月明江水寒”。

白居易爱茶，其朋友便常给他寄茶。如《萧员外寄新蜀茶》：“蜀茶寄到但惊新，渭水煎来始觉珍。满瓯似乳堪持玩，况是春深酒渴人。”大致意思是，四川新茶已经寄到，令人惊喜的是，新茶依然保持清新，用渭河的水来煎煮，方才觉得新茶的珍贵。一边把玩着斟满茶汤的茶杯，茶汤似乳色，一边品饮新茶，效果更佳，况且正是春深酒渴的时候呢？这是一首描写四川茶的茶诗，据史书记载四川是我国茶叶的起源地，诗人也多次描写四川新茶，一个“惊”字点出了四川新茶的美妙，毕竟古时交通运输不发达，经过长途跋涉的运输还能保持清新，可见茶叶的品质不一般。水为茶之母，突出了好水对于好茶的重要性。该诗还点出了茶汤解渴的功效，酒后口渴之时，一杯好茶汤，美不可言。春色迷人，酒过三巡，正感口渴之际，打开友人寄来的新茶，一阵阵清新的香气扑面而来，用上好的渭水煎煮，一幅悠闲自得的煮茶图映入眼帘。好景、好酒、好茶、好水、好心情，诗人欣喜之状，跃然纸上，令人有身临其境之感。宝剑配英雄，好马配好鞍，好茶也需要配好水。白居易不仅是鉴别茶叶的行家，也是一位识水达人，“融雪煎香茗”，用雪水煮茶也是白居易喜欢做的事情。这说明，当时的人们已经开始对茶饮的水质有所关注了。

白居易任江州司马时，有一次生病，其朋友四川忠州刺史李宣寄来了一包新茶，他欣喜若狂，当即写下了《谢李六郎中寄新蜀茶》：“故情周匝向交亲，新茗分张及病身。红纸一封书后信，绿芽十片火前春。汤添勺水煎鱼眼，末下刀圭搅曲尘。不寄他人先寄我，应缘我是别茶人。”该诗充分表达了他的欣喜之情与对朋友的感激之情，而白居易也因此诗被世人称为“别茶人”。

事实上，茶对于白居易而言不只是一种不离手的饮品，其中更多地还寄托了他忧国忧民的情思、渴望为国作贡献的壮志及超尘脱俗的洒脱情怀。如白居易在被罢官之后，就写有《琴茶》一诗：“兀兀寄形群动内，陶陶任性一生间。自抛官后春多醉，不读书来老更闲。琴里知闻唯渌水，茶中故旧是蒙山。穷通行止长相伴，谁道吾今无往还。”该诗充分表达了其“达则兼济天下，穷则独善其身”的观点，将茶与爱国情怀联系在一起，也可谓寄情于茶的最高境界。

可以说，对于“别茶人”白居易而言，茶是生活中无法割舍的一部分：读书要饮茶，吟诗要饮茶，食罢要饮茶，睡起要饮茶，酒渴要饮茶，待客要饮茶，病来要饮茶……正因为如此，白居易才会流传下如此众多的咏茶诗、涉茶诗，为后人吟诵。

（二）李白的茶诗

李白，字太白，号青莲居士，又号“谪仙人”，唐代伟大的浪漫主义诗人，被誉为“诗仙”，与杜甫并称为“李杜”，留有诗文千余篇。李白天性爽朗大方，爱四方交友，且才华横溢，青少年时期就写有诗篇《访戴天山道士不遇》《峨眉山月歌》等，光芒显露。其诗歌总体风格洒脱豪迈、气势磅礴，却又清新飘逸，有着“清水出芙蓉，天然去雕饰”之自然美。同时，李白的诗歌不仅能反映唐王朝的兴盛繁荣，还能大胆无畏地揭露出统治阶级的荒淫、腐朽，表现出他自身强烈的反传统约束、蔑视贵族、追求自由和理想的积极浪漫精神。相传，李白爱饮酒作诗，号称“酒仙”。但事实上，李白也极爱饮茶，或许是酒兴掩盖了茶兴，李白的茶诗不多，流传至今的仅有《答族侄僧中孚赠玉泉仙人掌茶》一首。

“常闻玉泉山，山洞多乳窟。仙鼠如白鸦，倒悬清溪月。茗生此中石，玉泉流不歇。根柯洒芳津，采服润肌骨。丛老卷绿叶，枝枝相接连。曝成仙人掌，似拍洪崖肩。举世未见之，其名定谁传。宗英乃禅伯，投赠有佳篇。清镜烛无盐，顾惭西子妍。朝坐有余兴，长吟播诸天。”

唐玄宗天宝十一年，李白于金陵栖霞寺偶遇族侄中孚禅师，并获中孚禅师相赠仙人掌茶数十斤，于是李白便应其要求，以诗作答，遂有此作。在这首咏叹名茶——仙人掌茶的茶诗中，李白运用雄奇豪迈的诗句将仙人掌茶的出处、品质、功效等呈现于世人眼前。前四句描写了仙人掌茶的生长环境与功效，乃得天独厚、良效颇多，而紧接着的一句又道明了仙人掌茶树的外形。“曝成仙人掌”点明了仙人掌茶的做法，同时这一句也是目前发现的最早的晒青史料。晒青是最早最原始的成茶方法，但在此之前古代所有其他文史资料中均无记载，此为第一处，证实了唐朝已有晒青的存在。而后李白还表达了对中孚禅师的赞誉，希冀其能到达西方极乐世界。

尽管历史并无李白茶事留下，也没有道明李白爱茶，但是就这么一首咏茶诗已经可以让世人体会到李白爱茶、懂茶之心，否则断无可能在诗中道尽仙人掌茶的各个方面。而这首咏仙人掌茶的诗，也成了“名茶入诗”最早的诗篇。

（三）皎然的茶诗

皎然，字清昼，唐代最有名的诗僧、茶僧，俗姓谢，是中国山水诗创始人谢灵运的后代，在文学、佛学、茶学等方面有着深厚造诣，堪称一代宗师。其诗风清丽淡雅，所著《诗式》为当世诗歌作品中的佼佼者。皎然被时人称为“江东名僧”，与诗僧贯休和齐已齐名。历史给予了皎然极高的文学评价，世人知其文学地位，却不知其在茶文化上的极高成就与贡献。如果说，陆羽是中国茶业、茶学之祖，那么皎然就是中国茶文化、茶道之父。

据史料记载，皎然与陆羽十分交好，两人常常一起品茶论茶、研讨茶道、切磋茶诗。皎然就曾作诗《九日与陆处士羽饮茶》，以记两人饮茶之乐。皎然年长于陆羽，可谓是陆羽的老师、兄长、笃友，曾无私地帮助陆羽进行茶学探究，并帮助其完成茶学巨著《茶经》，却不留任何名号。不仅如此，皎然作为一名高僧，将佛学与茶学进行了交融，是佛学茶事的集大成者，是“佛茶之风”“佛禅茶道”的探路者，是最早“品茗会”“斗茶赛”“诗茶会”的倡导者，是茶文学的开创者，在茶诗方面首开了千古佳作之先河。

唐德宗贞元元年，皎然同好友崔刺史共品越州茶，兴致极高之际，作诗《饮茶歌诮崔石使君》。题中“诮”字虽含讥嘲之意，但全诗意在探讨品茶之艺术境界，倡导以茶代酒的茶饮之风。皎然在《饮茶歌诮崔石使君》一诗中道出茶在精神上的功效——能够助人超凡脱俗，实乃饮茶的极高境界。“孰知茶道全尔真，唯有丹丘得如此”指出古时道教丹丘因饮茗得以羽化，将茶与儒、佛、道家的思想融合在了一起。

此外，皎然还有许多脍炙人口的茶诗，如《九日与陆处士羽饮茶》，该诗认为俗人方尚酒，倡导以茶代酒、识茶香；又如《饮茶歌送郑容》，该诗认为茶能祛病退疾，洗涤内心忧郁……

另外，下面这首诗也由皎然所作。

《顾渚行寄裴方舟》

皎然

我有云泉邻渚山，山中茶事颇相关。
鶗鴂鸣时芳草死，山家渐欲收茶子。
伯劳飞日芳草滋，山僧又是采茶时。
由来惯采无近远，阴岭长兮阳崖浅。
大寒山下叶未生，小寒山中叶初卷。
吴婉携笼上翠微，蒙蒙香刺罥春衣。
迷山乍被落花乱，度水时惊啼鸟飞。
家园不远乘露摘，归时露彩犹滴沥。
初看怕出欺玉英，更取煎来胜金液。
昨夜西峰雨色过，朝寻新茗复如何。
女宫露涩青芽老，尧市人稀紫笋多。
紫笋青芽谁得识，日暮采之长太息。

此诗详细描述了山僧摘茶的情形，所采制的茶叶为唐代名茶——长兴紫笋茶。其以“鶗鴂”和“伯劳”两种鸟的鸣叫声来表明采茶的季节；指出不同的环境所生长出的茶叶的采摘时间和品质有所不同；说明雨后、日暮和过时采的茶叶品质都不是最好的；记下了茶树采收季节和方法以及茶叶品质与气候的关系，层层相扣，从中可以了解到当时的茶叶生产活动和技术，是研究当时湖州茶事的史料。

鶗鴂即杜鹃鸟，与伯劳鸟都多见于春夏时节，而茶叶以春茶最好，皎然此说法完全符合茶叶的生长规律。于采茶，多数名优茶都受到一定采摘条件的限制，如太平猴魁的八不采、西湖龙井的三不采和四不带等，雨水芽多为采摘禁忌，过时采也对茶叶品质有不良影响。而其他所述皆正确，是具有一定专业水平的经验之谈，对现代制茶技术有一定的借鉴价值。

有学者认为，继李白之后，能将道教文化蕴含于茶诗并有所超越者当属皎然。这还是低估了皎然在茶文化上的贡献。作为一位佛门高僧，皎然是超尘脱俗的，其致力于茶文化、茶道的研究，却又不局限于其中。所做茶事，所行茶为，所吟茶诗，皆清新脱俗、缥缈俊逸，蕴含了无尽的世间哲学道理，对茶学的贡献无法估计。皎然实为当之无愧的茶文化、茶道之父。

（四）元稹的茶诗

元稹，唐朝著名诗人，曾官至宰相，诗风言浅意哀，十分扣人心弦、动人肺腑。元稹著作颇丰，代表作有《菊花》《离思五首》（其四）和《遣悲怀三首》（其二）等，其中尤以《离思五首》（其四）中的比兴之句“曾经沧海难为水，除却巫山不是云”极负盛名，被传为千古佳句。元稹曾与白居易共同倡导新乐府运动，也因此二人并称为“元白”。

关于元稹茶事，史籍并无太多记载；关于元稹茶诗，诗书也无太多记录。然而值得称道的是，元稹曾作了一首宝塔体咏茶诗《一字至七字诗·茶》。宝塔诗一字起句，依次增加字数，逐句成韵。

图 4-1 表明，从一字至七字，对仗工整，声韵和谐，节奏明快，朗朗上口。古往今来，诗人不乏作宝塔诗的：白居易曾赋“诗”，王起、张籍曾赋“花”，刘禹锡曾赋“水”，李绅曾赋“月”，韦式曾赋“竹”等。然而，宝塔体的茶诗，却仅有元稹作的这一首，弥足珍贵可想而知。

图 4-1 元稹的《一字至七字诗·茶》

此诗是元稹与王起等人为送白居易去洛阳，在茶宴上即兴所赋。全诗一开头就点明主题；而后是描写茶的味道和外形——味香、形美；再用倒装手法指出诗人、僧人皆爱茶；紧接着“碾雕”“罗织”“铫”“碗”道尽制茶、烹茶艺术；“夜后”“晨前”则指明饮茶环境与习俗；最后一句点题而出，升华到饮茶的境界：饮茶能洗尽古今之人的疲倦、醒醉酒之苦。这首咏茶诗虽只有短短几句，却描绘了茶的六个方面：茶形、茶人、茶具、烹茶、品茶、饮茶境界，可谓构思巧妙，十分有趣，堪称咏茶诗中的绝妙之作。

这首唐代茶诗，具有形式美、韵律美、意蕴美，在诸多的咏茶诗中别具一格，精巧玲珑，堪称一绝。在形式上，全诗巧用汉字形体，搭造了一个“金字塔”形的结构，令人耳目一新。在韵律上，全部押的是险韵，一气呵成，展现了高超的驾驭文字的功力。

全诗妙在元稹以宝塔的形式来排列诗歌，不仅形式特别，而且读起来朗朗上口，同时也描绘了茶的形态、功用和人们对它的喜爱之情。

（五）卢仝的茶诗

卢仝，自号玉川子，中唐诗人，韩孟诗派的重要代表人物之一。卢仝博览经史，工诗精文，家境贫困，一生不愿进仕，性格耿介雄豪，颇有韩愈、孟郊之范。其诗风浪漫且奇诡险怪，被宋代严羽于《沧浪诗话·诗体》中认定为“卢仝体”，并冠以“怪”名。

卢仝爱茶成癖，一生著有茶诗若干，被世人尊称为“茶仙”。其茶诗《走笔谢孟谏议寄新茶》更是被传唱千年，又以其中的“七碗茶诗”最为经久不衰、广为人知。

走笔谢孟谏议寄新茶

唐·卢仝

日高丈五睡正浓，军将打门惊周公。
口云谏议送书信，白绢斜封三道印。
开缄宛见谏议面，手阅月团三百片。
闻道新年入山里，蛰虫惊动春风起。
天子须尝阳羡茶，百草不敢先开花。
仁风暗结珠琲瓃，先春抽出黄金芽。
摘鲜焙芳旋封裹，至精至好且不奢。

至尊之余合王公，何事便到山人家。
柴门反关无俗客，纱帽笼头自煎吃。
碧云引风吹不断，白花浮光凝椀面。
一碗喉吻润，两碗破孤闷。
三椀搜枯肠，唯有文字五千卷。
四椀发轻汗，平生不平事，尽向毛孔散。
五碗肌骨清，六碗通仙灵。
七椀吃不得也，唯觉两腋习习清风生。
蓬莱山，在何处？
玉川子，乘此清风欲归去。
山上群仙司下土，地位清高隔风雨。
安得知百万亿苍生命，堕在巅崖受辛苦！
便为谏议问苍生，到头还得苏息否？

元和七年，友人孟简赠阳羡茶于卢仝，卢仝欣喜之余，即兴写下了这首茶诗。全诗一气呵成却不拘一格，句式长短不一却错落有致，奇谲特异却挥洒自如。

诗文分为三段，第一段写谢谏议送来的新茶，至精至好至为稀罕，这该是天子、王公、贵人才有的享受，如何竟到了山野人家，似有受宠若惊之感。它具体可分为两层，第一层写送茶军将的叩门声，惊醒了他日高三丈时的浓睡。孟谏议命令军将送来了一包用白绢密封并盖有三道泥印的新茶。卢仝阅读了信件，亲自拆开了包装，并细细查看了三百片形状圆润的茶饼。密封、加印展示了孟谏议的重视和诚意。解封、翻阅让我们可以感受到诗人对礼物的珍惜和喜爱。字里行间流溢着两人之间的互相尊重与真挚友谊。第二层写茶的采摘与焙制，以烘托所赠之茶是珍品。头两句“闻道新年入山里，蛰虫惊动春风起”是说听说每到新年茶农采茶进山，蛰虫都被惊动，春风也开始吹起，描述了采茶人的辛苦。三、四句“天子须尝阳羡茶，百草不敢先开花”是说因为天子正在等待品尝阳羡茶，百草都不敢先于茶树贸然开花。接着“仁风暗结珠琲瓃，先春抽出黄金芽”是说帝王的“仁德”之风，使茶树先萌珠芽，抢在春天之前就抽出了金色的嫩蕊。以上四句着重渲染珍品的“珍”。以下四句“摘鲜焙芳旋封裹，至精至好且不奢。至尊之余合王公，何事便到山人家”是说像这样精工焙制、严密封裹的珍品，本应是天子王公享受的，而今竟到这山野人家来了。在最后“至尊之余合王公，何事便到山人家”这一句里，既有微讽，也有自嘲。第二层全是朴素的铺叙，给人以亲切之感。诗中虽然出现了天子、仁风、至尊、王公等字样，但并无谄媚之容，而在“何事”一句中，把诗人自己和他们区别开来，把自身划入野人群中。作为一个安于山林、地位卑微的诗人，他有一个宽阔的胸襟。卢仝一生都痴迷于茶。喝茶对他而言并非简单地满足口腹之欲，而是一种能使他感受到广阔天地的体验，只有在这片茶的天地里，他的关爱之心才得以寄托。

第二段是诗人着重描写的部分，也是整首诗的重心和充满情感的部分。描述了诗人沏茶和品尝茶的经历。因为茶的口感很好，所以诗人连续喝了七碗，喝到第七碗时，他感觉到沁凉清爽，仿佛置身仙境。七碗茶在第二段的叙述中代表了卢仝内心的激荡和不满情绪。他拒绝迎合世俗，家中无外来访客，这也是营造纯朴生活所需要的基本条件。只有在这种情况下，他才能逃避令人不快的现实，过着超越世俗的生活。纱帽，这里指一般人用的纱巾之类。诗人纱帽笼头，自煎茶吃，这种平易淡泊的外在装扮，并不说明他内心平静。读完全诗，读者才会见到他内心炽热的一面。碧云，指茶的色泽；风，指煎茶时的滚沸声。白花，指煎茶时浮起的泡沫。在茶癖的眼里，煎茶自是一种极美好的享受，这里也不单纯是为了修饰字面。全力以赴写饮茶，而所饮之茶就像一阵春雨，使他的内心世界一片葱翠。在这里，他集中了奇特的诗情，并打破了句式的工稳。在文字上做到了“深入浅出”，或者说“险入平出”。七碗相连，如珠走盘，气韵流畅，愈进愈美。

第三段忽然笔锋一转，转入为苍生请命，转得干净利落，却仍然保持了第二段以来的饱满酣畅的气势。那些希望品尝高品质茶叶的人应该认识到，这种茶叶是许多茶农在险峻崎岖的山崖上冒着生命危险采摘回来的。诗人期盼茶农的勤劳努力能够得到应有的回报，诗作传达了诗人对辛勤劳动者的衷心关怀。蓬莱山被誉为海上神仙之地。卢仝自称是一个被驱逐到人间的仙人，他希望通过喝下七碗茶所带来的清风，实现回到蓬莱仙境的梦想。因为那些高高在上的群仙，不知下界亿万苍生的辛苦，所以想回蓬莱山，替孟谏议这位朝廷的言官去问一下下界苍生的事，问一问他们究竟要到什么时候才能够得到喘息和休息的机会。诗人盼望辛勤劳作的人们能够迎来休息的时刻和美好的未来。我们可以看出诗人在创作这首茶诗时，并不只是赞美茶的奇妙之处，而且还表达了他对茶农的深情关怀。

全诗奇谲特异，句式长短不拘、错落有致，行文挥洒自如、直抒胸臆，一气呵成，毫不费力，从构思、语言、描绘到夸饰，都恰到好处，能于酣畅中求严谨，有节制，卢仝那种特有的别致的诗风，得到了完美的表现。这样的诗作不愧为千古传诵的佳作。

不仅如此，诗中蕴含的复杂思想与丰富情感——儒家、道家思想，以及对朋友的感激之情、对茶的喜爱之情、对天下百姓的担忧之情、对君王的希冀之情，更是让人感同身受。而其中的“七碗茶诗”，更是流传至日本，直接促使日本形成了“喉吻润、破孤闷、搜枯肠、发轻汗、肌骨清、通仙灵、清风生”的茶道内涵。

（六）“皮陆”的茶诗

“皮陆”，即皮日休和陆龟蒙。二人皆为晚唐文学家，志趣相投，相交甚好，时常作诗唱和，故被世人称为“皮陆”。

皮日休，字袭美，自号鹿门子，又号间气布衣、醉吟先生。其出身寒苦，诗作多反映对封建王朝黑暗统治的不满。陆龟蒙，字鲁望，自号江湖散人、甫里先生，又号天随子。幼时就已倍加聪颖，尤擅长以散文借古讽今，讥讽、揭露当世社会的黑暗与统治者的腐朽不堪。咸通十年，皮日休为苏州刺史从事，与陆龟蒙相识，两人相谈甚欢，结为挚友，又因皆爱茶，常常一起品茶鉴水，吟诗唱和，好不欢喜。

皮日休爱茶，常常觉得未能在自己的诗歌中记录茶事是一大遗憾，故创作了诗歌集《茶中杂咏》，包含茶诗十首。而后，皮日休又将《茶中杂咏》送呈好友陆龟蒙。陆龟蒙读后大喜，当即作诗唱和十首，形成《奉和袭美茶具十咏》。两人的唱和诗，包含《茶坞》《茶人》《茶笋》《茶籝》《茶舍》《茶灶》《茶焙》《茶鼎》《茶瓯》《煮茶》十篇，涉及茶叶制造、茶具、烹茶、饮茶等各方面的茶事、茶史。

茶坞

皮日休

闲寻尧氏山，遂入深深坞。种荈已成园，栽葭宁记亩。石洼泉似掬，岩罅云如缕。好是夏初时，白花满烟雨。

茶坞

陆龟蒙

茗地曲隈回，野行多缭绕。向阳就中密，背涧差还少。遥盘云髻慢，乱簇香篝小。何处好幽期，满岩春露晓。

此为“皮陆”唱和诗中的第一篇《茶坞》，描述了茶园的环境与规模，呈现出一派恬淡、高雅、纯净、清新的景象。十篇皆如此出色，诗人用动人的灵感、华美的笔触、丰富的辞藻，赋予了茶园不一样的人文气息，形象、艺术性地描绘记录了唐代茶事，为茶文化的发展起到了推动作用，为后世研究茶文化、茶历史留下了一笔珍贵的财富。

二、唐代茶赋

唐代文学兴盛，诗歌独领风骚，词和赋也不甘落后。而唐代茶文化的形成和普及在文学方面的表现，也就不仅仅是茶诗硕果累累而已。赋，作为介于诗和散文之间的一种文体，也深受茶文化的浸染，从而流传给后世一些著名的茶赋。

（一）顾况的《茶赋》

顾况，字逋翁，号华阳真逸，晚年自号悲翁，唐代诗人、画家、鉴赏家。其一生官位不高，曾位居著作郎，却又因嘲讽诗得罪权贵，被贬饶州司户参军。顾况作诗强调思想内容，诗风清新自然、想象丰富，饶有佳作。而任著作郎时，曾“戏”白居易，常常向人夸奖其诗才，使得白居易诗名广播，成就了一段佳话。

顾况一生颇有才华，作诗、作词、作赋之余，还作画。而作为一名才子，其与佳茗的相识、相交也是一段佳话。于是，品茗之兴，才思飞扬，顾况写下了这篇《茶赋》。

稽天地之不平兮，兰何为兮早秀，菊何为兮迟荣。皇天既孕此灵物兮，厚地复糅之而萌。惜下国之偏多，嗟上林之不至。如罗玳筵，展瑶席，凝藻思，间灵液，赐名臣，留上客，谷莺啭，宫女嚬，泛浓华，漱芳津，出恒品，先众珍，君门九重，圣寿万春，此茶上达于天子也；滋饭蔬之精素，攻肉食之膻腻。发当暑之清吟，涤通宵之昏寐。杏树桃花之深洞，竹林草堂之古寺。乘槎海上来，飞锡云中至，此茶下被于幽人也。《雅》曰：“不知我者，谓我何求？”可怜翠涧阴，中有泉流。舒铁如金之鼎，越泥似玉之瓯。轻烟细珠。霭然浮爽气。淡烟风雨。秋梦里还钱，怀中赠橘。虽神秘而焉求。①

比之晋朝杜育的《荈赋》，顾况的《茶赋》或许并不那么具有历史价值，但无疑也是一篇独具匠心的佳作。赋文一开头作者假意抱怨天地之不公，是为赞叹大自然的奇妙与独特。紧接着作者又将南方比作“下国”，将北方比作“上林”，叹息北方虽为天子之地却无茶树生长，南方虽为平民之地却茶树众多，意在赞叹茶树的灵秀美好。而后作者运用骈文与对比，描绘茶树“上达于天子”“下被于幽

① 周绍良主编：《全唐文新编 第 3 部 第 1 册》，吉林文史出版社 2000 年版，第 6146 页。

人”的独特魅力：玳筵瑶席上的必备佳饮，名臣上客的招待之饮，君门寿宴的象征之饮，此乃“上达于天子”的隆重；去油腻，清暑热，洗涤倦意，遍布于杏树桃花、竹林草堂之中，此乃“下被于幽人”的雅致。同时，作者还引用《诗经·雅》的名句——“不知我者，谓我何求”道出自己对茶的喜爱。最后，作者以茶明志，认为携茶退隐江湖山林之中，伴幽草飞泉，观茶烟细珠，闻茶香清风，也是人生一大乐事。有茶如此，宁静淡泊，归隐山林又何妨？

赋文写茶，却又不只是写茶而已。借茶明志，以茶寄情，全文犹如行云流水，处处充溢着淡雅柔美的气息，让人读后回味无穷。

（二）王敷的《茶酒论》

王敷，唐代乡贡进士，名不见经传。其《茶酒论》以拟人的手法、对话的形式，让茶酒各抒己见、互相辩驳，文中旁征博引，取譬设喻，寓理其中，别具一格，是一篇极妙的茶文。

文中起序“窃见神农曾尝百草，五谷从此得分。轩辕制其衣服，流传教示后人。仓颉制其文字，孔丘阐化儒因。不可从头细说，撮其枢要之陈。暂问茶之酒两个谁有功勋？阿谁即合卑小，阿谁即合称尊？今日各须立理，强者先光饰一门”[①]，交代茶酒辩论之背景缘由，而后展开四次辩论。

第一辩，“茶”以自己产自名树、进贡帝王、享尽荣华富贵说明自己尊贵无比；而“酒”则以历来酒贵茶贱的史实、君王名将饮用之乐、不可忽视的饮酒文化来衬托自己的地位。第二辩，“茶”以自身众人皆追的社会需求为据；“酒”则斥茶孤陋寡闻，不识酒的社会地位。第三辩，“茶”先提及自身外形的俊美无双与千百利处，而后披露酒的危害；而“酒”从自身可助世人致富且比之茶要快许多，谈及茶的副作用。第四辩，“茶”强调自身的经济效益，并再次强调酒的危害；“酒”则引经据典，强调自己的历史、社会地位非茶可及。而后“茶”反驳，狠斥酒的危害之甚。最终，“水”出现以一段呵斥之语劝诫茶、酒和睦相处，切莫再相争危害世人。

全文辩诘生动、幽默有趣，且蕴含着别样的文化与茶学价值。酒可醉世人，茶却醒世人。茶、酒分别代表着两种不一样的人生价值观念。而茶酒相辩，则代表着唐朝茶风兴起、酒潮退却的局面，茶已经可以与酒一较高下，世人也开始了由醉向醒的人生价值观念的转变，茶文化日益繁荣起来。

① 周绍良主编：《全唐文新编 第5部 第2册》，吉林文史出版社2000年版，第12955页。

（三）吕温的《三月三日茶宴序》

唐代咏茶宴的诗歌不在少数，然而写及茶宴的文赋少之又少，翻阅《全唐文》，也仅吕温的《三月三日茶宴序》一篇文章而已。

吕温，字和叔，又字化光，唐代文学家、官员，德宗贞元十四年进士，曾任集贤殿校书郎，后因得罪宰相李吉甫被贬谪，迁至衡州，甚有政绩，故世称“吕衡州”。在文学方面，吕温成就颇高，诗词言浅意直，朴素自然，多忧民怜民之作，备受同时期的柳宗元、刘禹锡、元稹等人赞誉；而在为官方面，吕温心怀仁慈，体恤民生，常常拿自己的俸禄为民纳税，著名的《悯农》诗也是因为吕温的大加赞赏而盛传。

吕温为官廉洁，心怀苍生，在感叹自己力不从心的同时，常常饮茶抒怀。其常设茶宴与好友论天下，于是就写下了这么一篇茶文。

> 三月三日，上巳楔饮之日也。诸子议以茶酌而代焉。乃拨花砌，憩庭阴，清风逐人，日色留兴。卧指青霭，坐攀香枝。闻莺近席而未飞，红蕊拂衣而不散。乃命酌香沫，浮素杯，殷凝琥珀之色。不令人醉，微觉清思，虽五云仙浆，无复加也。座右才子，南阳邹子，高阳许侯，与二三子顷为尘外之赏，而曷不言诗矣。①

文中起笔交代茶宴时间与起因，而这次茶宴无疑是完美惬意的。三月初，春光明媚，百花盛开，实乃饮茶好时机；花香撩人，清风拂面，阳光遍洒，黄莺相伴，红蕊添色，实乃饮茶好氛围；沏香茶，品佳茗，醉人心，实乃饮茶好享受；相伴好友，皆鸿儒雅士，可把茶吟诗，实乃饮茶之一大快事。这样的茶宴如何不令人向往，如何不醉人心？有这样的茶相伴，哪还求羽化成仙，哪还饮五云仙浆？这样细腻全面的描写，将一场不豪华却可贵的茶宴呈现于世人眼前。

以茶宴客、以茶会友，从《三月三日茶宴序》中可以看出以茶为饮已是唐朝文人墨客、士大夫相聚宴会上的主潮流。而以茶代酒，也少了几分酒的世俗气息，多了一些茶的高雅气质。茶文化在唐朝的形成，由此也可见一斑。

再纵观茶史，茶历来就为各家文化的载体：儒家以茶修德，道家以茶修心，佛家以茶修性。而茶与诗的结合，可以说就是诗人以茶寄情。文人墨客往往满腹情怀，而茶又能助文思、助诗兴，是多种精神品质的象征，就必然深受喜爱，从

① 董诰编：《全唐文 5》，山西教育出版社 2002 年版，第 3743 页。

而产生了各种茶诗。而茶文化，在经历过诗赋的洗礼后，又更加富有内涵，更为世人、后代所传颂。

三、唐代茶典

（一）《茶经》

陆羽，字鸿渐，一名疾、字季疵，号竟陵子，又号茶山御史，被后人称为陆文学。他终身热爱喝茶，精通茶道，在唐代享有盛誉。他是著名的茶学专家，创作了世界上首部专门讨论茶叶的著作《茶经》。他对中国和国际茶叶产业的发展做出了杰出贡献，被称为“茶仙”，尊为“茶圣”，被供奉为“茶神”。

陆羽学识渊博，诗文极佳，著作颇丰，成就非凡。而其中最为杰出、最具代表性的成就就是其编著了《茶经》。《茶经》囊括了十个方面的内容，分别为“源”“具”“造”“器”“煮”“饮”“事”“出”“略”和“图”，全面涵盖了茶叶的方方面面。书中介绍的泡茶方式对后世产生了深远的影响。《茶经》是陆羽对唐代以及唐代之前有关茶叶的科学知识和实践经验进行整理和总结的基础上创作的，汇聚了茶叶生产和制作方面的丰富资讯，同时也借鉴了众多茶家的经验。自此，“茶学”雏形显现。后世众人研究茶，均是在《茶经》的基础上，或是模仿，或是补充，或是创新，从而不断地丰富和充实“茶学”内容的。在中国的茶文化发展过程中，陆羽的茶学理念和《茶经》一书被视为具有重要意义的里程碑。陆羽与其他封建社会的士人一样，致力于深入探究中国儒家学说。他具有丰富的学术知识，不过也不为儒家学说所束缚，反而能够灵活应用，将深邃的学术理念融入日常茶生活中，由此形成了茶文化。可以说，正是陆羽《茶经》的问世，才系统全面地传播了茶叶的科学知识，对茶叶的生产与发展起到了积极的促进作用，标志着茶文化这株经过历代孕育萌发出来的芽苗已经在大唐这片自由的土地上开始茁壮成长了。

“一之源”，详细描述了茶树的起源，茶叶的特性、品质以及益处等信息。作者确定了茶树起源于我国南方，有些是矮灌木，高度约为一尺或两尺；有些是高大的乔木，高度有数十尺。在巴山峡谷，还有需要两人合抱的巨大茶树。书中使用了生动形象的比喻来描述茶树的各个部分，比如说树的形状像瓜芦、叶子像栀子、花朵像白蔷薇、果实像棕榈、茎像丁香，根像胡桃。茶叶有各种不同的名称，这源自方言的差异，也源自采摘时间的不同导致茶叶的品质不同。茶树在种植时对土壤非常挑剔，它最喜欢生长在破碎的岩石土壤中，相对不喜欢生长在含砾的土壤中，而生长在黄土地的情况最不理想。野生茶被认为是最优质的，相比之下，人工种植的品质则稍逊。品质好的茶叶芽叶呈紫色，而绿色的品质较差。长得像春笋的比较理想，而短小的芽则不理想。最好选择卷曲的叶子，展开的叶子稍差。生长在背阴的山坡或谷地的茶树并不适合采摘，因为饮用后会对人的身体造成不良影响。当人们感到身体发热、口渴、烦躁、头痛、眼睛疲劳、四肢乏力或全身关节不适时，适量喝几口茶可以达到与饮用醍醐和甘露相当的效果。如果采摘茶叶的时间不当，或者在制作过程中不细致并且掺杂了其他杂质，那么饮用这样的茶可能会带来健康问题。

“二之具”介绍各种采摘和加工茶叶的工具。陆羽总结了唐代流行的蒸烘压制茶叶的方法，描述了茶叶制作过程中需要使用的十多种工具，详细介绍了这些工具的外形和用法。这些工具如下。由竹子编织而成，用来盛放茶叶的装置，通常被称为籝，也被称为篮、笼、筥。炉具是用于制作茶叶的烘干设备。甑是一种用来放置茶叶进行蒸煮的器具。杵臼，又名碓，是一种捣碾工具。碾，又名台或砧板，通常由石头制成，也有使用半埋在地下的槐木或桑木制成的，以保持其稳固不摇晃。襜，还称为衣物，是用旧的丝绸、雨衣、单衣等制成的，即苫布。芘莉是一种用来晾茶的篦子状工具。扑，串茶的竹编绳子。焙，烘茶的坑灶。贯，用竹子削成，长二尺五寸，用来穿茶烘焙。棚是用来晾晒茶叶的设施，一般分为两层：已完全干燥的茶叶会放在上棚，而半干燥的茶叶则会放在下棚。穿，包装团饼茶的器具，江南东部和淮南地区用剖开的竹子做，巴山、峡川一带用韧性大的构树皮做。育，由木框架构成大体形状，外部用篾制成的编织物覆盖并贴上纸面，内部分隔出各个区域用于存放工具，类似于柜子。当前，半机械和机械化的设备取代了陆羽时代所使用的器具。然而，通过《茶经》中的记载，我们能够深入了解制茶机械的进化和发展。

“三之造”详细介绍茶叶的品种和制作方法。陆羽注重在适当的时间采摘茶叶，春茶应该在农历的二、三、四月份的晴天采摘，雨天或阴天则不宜采摘。采摘下来的茶叶经过蒸、压、揉、烘、晾、包装等一系列工序进行加工。茶的外观和颜色并不能完全反映其品质，因此仅以外表来判断茶的优劣是不准确的。除了用眼观看、用鼻子闻味之外，还需要用嘴尝一尝。陆羽还根据古代人们的喝茶习惯，就茶叶质量的要求等方面进行了细致的论述，解释了茶叶外观、颜色形成的原因，这对于鉴赏和提升茶叶品质有着重要的意义。

“四之器”详细介绍了用于煮茶和饮茶的各种器皿，探讨了不同地区茶具的特点、使用方法以及器具对茶的品质的影响。

“五之煮”详细说明了泡茶的步骤和水的质量。在煮之前，团饼茶需要经过烘烤和研磨处理，以确保其香气和味道得到最佳释放。木炭是首选燃料，次选硬木。优质茶需要使用优质水来冲泡，最佳选择是山泉水，其次是江水，最后是井水。水温升至微微冒泡的程度，即一沸；边缘不断涌动是二沸；犹如巨浪翻滚是三沸。水煮开三次后，就不适合继续食用了。优质的茶水应该具有“苦中带甘”的口感。

“六之饮”介绍了喝茶的习俗和方式。茶作为饮料的起源可以追溯到神农氏时代，但直到鲁周公喝茶后，茶才开始广为人知。茶可以分为粗茶、散茶、末茶和饼茶。泡茶有九个要点需要留意：一是作好准备工作，二是识别茶叶，三是选择合适的器具，四是掌握适宜的火候，五是选用优质的水源，六是进行适当的烘烤处理，七是把茶叶磨成碎末，八是按照合适的步骤进行烹饪，九是享受饮茶的过程。品茶需要人们了解茶的相关知识，并且应该知道所饮茶的类型、冲泡方法，以及对身体产生的影响，等等。直到《茶经》的出现，人们才详细讨论了茶在生理和药理上所起的作用。

“七之事”讲述了关于饮茶的传统文献和信息，所占篇幅最长，约占全书内容的三分之一。作者整理了唐代以前的茶史资料，按照朝代先后顺序进行了全面而系统的介绍。

“八之出”比较了不同地区产的茶叶的品质和质量。

“九之略”讲述了在特定情况下如何简化茶叶采制工具和饮茶用具的使用。在之前的几节中，介绍了有关采茶、制茶、饮茶用具的标准化规范，而本节则重点探讨了使用茶具和茶器时的灵活性。

“十之图”，谈茶的图录。

《茶经》是一部对茶学知识进行全面总结的重要著作，被视为第一部完整呈现茶文化的作品。它汇集了早期茶文化的发展经验，推动了茶的转变。

自中唐时期开始，陆羽被视为茶的神明，茶作坊、茶库、茶店和茶馆都设有供奉他的神位，一些地方还会将卢仝和裴汶作为他的伴神一同供奉。陆羽的名字被镌刻在牌匾和门联上，他在茶商心中是保佑他们财运亨通的崇高形象。关于陆羽的传说流传甚广，令人叹为观止。在陆羽之后，唐代茶书层出不穷，编写茶书成为潮流，但缺乏像陆羽那样对茶情有独钟、见解精辟的智者，也没有像《茶经》那样涵盖全面的综合性著作，大多是围绕特定主题展开讨论，且往往是个人的独到见解。

（二）《煎茶水记》

公元 825 年前后，张又新作《煎茶水记》一卷。又新字孔昭，深州陆泽（今河北省 - 深州市）人，工部侍郎张荐之子。唐宪宗元和间及进士第，历官左补阙、汀州刺史、中州刺史，终左司郎中。《煎茶水记》的写作过程如下。

元和九年春季，张又新和朋友相约到长安城的荐福寺聚会。他和李德垂先到，在西厢房的玄鉴室休息时，遇到一个江南和尚。和尚背囊中有几卷书。张又新抽出一卷浏览，发现文字介绍很详尽，但都是杂记，最后提到了一篇《煮茶记》。书中记载了一件轶事：唐代宗之时，湖州刺史李季卿路过扬州，遇见陆羽。李季卿认为，陆羽善于茶天下闻名，扬子江南零水又殊绝，这是千载一遇的“二妙”归一。于是，命令军士到南岸去取南零水。取水回来后，陆羽舀水煮茶，发现不是南零水而是长江水，但是军士不承认。陆羽不答话，把水倒掉一半，再用勺舀水，只说这才是南零水。军士见事情败露，便跪地求饶，说出了自己取南零水归途中因小舟摇晃，到北岸时只剩下半缸，所以舀江水加满的事情。李季卿和众多宾客都惊讶不已，纷纷请求陆羽分享他对全国各地水质情况的看法。陆羽将天下的水划分为了二十个级别，他称楚水为最优质的水源，而把晋水列为最次等。李季卿要求他人记录下陆羽的讲话内容，并取名为《煮茶记》。张又新将陆羽的见解摘抄并结合刘伯刍有关品茶文学的内容，又融入自己的感悟，撰写了一篇约 950 字长的《茶道衍思录》。刘伯刍担任过刑部侍郎一职，他的生平资料相对较少，大致与陆羽同时代活动。他对适合冲泡茶叶的水质做出了分类，共分为七个等级。扬子江南零水排名第一。无锡县惠山寺石泉水位居第二。苏州虎丘寺石泉水排名第三。丹阳县观音寺水排名第四。扬州大明寺水排名第五。吴松江水排名第六。淮河水排名第七。

张又新亲自去了七处不同的地方，品尝了不同的水源，并在对比鉴定后得出与刘伯刍相同的结论。当地了解情况的人称，刘伯刍提到的地点尚未进行彻底的搜索。因此，张又新到达了刘伯刍之前从未到过的两浙地区。在汉代时期，严子陵曾在桐庐严陵滩钓鱼，并利用当地水源煮茶，接着他前往永嘉，用仙岩瀑布的水再次泡茶，发现这两处的水质比南零水要好得多。

在《煎茶水记》中，陆羽将天下的水分为二十等。

庐山康王谷水帘水，第一；无锡县惠山寺石泉水，第二；蕲州兰溪石下水，第三；峡州扇子山下有石突然，泄水独清冷，状如龟形，俗云虾蟆口水，第四；苏州虎丘寺石泉水，第五；庐山招贤寺下方桥潭水，第六；扬子江南零水，第七；洪州西山西东瀑布水，第八；唐州柏岩县淮水源，第九；庐州龙池山岭水，第十；

丹阳县观音寺水，第十一；扬州大明寺水，第十二；汉江金州上游中零水，第十三；归州玉虚洞下香溪水，第十四；商州武关西洛水，第十五；吴松江水，第十六；天台山西南峰千丈瀑布水，第十七；郴州圆泉水，第十八；桐庐严陵滩水，第十九；雪水，第二十。

陆羽对水的品尝范围比刘伯刍更加广泛。陆羽和刘伯刍在评价煎茶所需用水的标准上有显著的差异，同时对水质评判也存在较大分歧。

《煎茶水记》提到，茶的品质取决于用来冲泡的水质，不同种类的水均会对茶的口感产生影响。然而，在泡茶时，并不必过分倚重名泉名水，应该选择与茶叶产地相同的水来冲泡，这样才能达到最佳的泡茶效果。再好的水的功效也会随着运输距离的增加而减半。此外，茶味的好坏并不仅仅取决于水的质量，使用适宜的器具也是至关重要的。精通冲泡技巧、保持器具清洁，可以更充分地彰显茶水的品质。书中强调理论需紧密联系实践，不应盲目崇拜古人，因为现在的人可能知道古人不曾知晓的事情。

《煎茶水记》开创了古代人饮茶用水的理论。在唐代之前，人们并没有特别关注煮茶时所用的水，也没有在文献记载中留下相关资料。直到《煎茶水记》问世，才首次详细记录了煎茶所需水的情况，并以刘伯刍和陆羽的见解为指导，为后人增添了丰富的内容，特别是有关用水煮茶的部分。随着时间的推移，人们越来越关注茶的色泽、香气和口感，用水质量的标准也变得更为苛刻。有关水质的评价文献逐渐增多，甚至出现了类似于明代田艺蘅的著作《煮泉小品》这样专门研究用水冲泡茶的专著。

（三）《采茶录》

唐五代之际的茶书，现多半仅存残卷或辑佚本。晚唐诗人温庭筠于公元 860 年前后著《采茶录》一卷，大约于北宋时期已佚。《说郛》和《古今图书集成》虽收有《采茶录》，也仅存辨、嗜、易、苦、致五类六则，共计不足 400 字。所记为，陆羽辨临岸的南零水、李约汧性辨茶、陆龟蒙嗜茶荈、刘禹锡以茶醒酒、王蒙好茶、刘琨与弟书求真茶。

（四）《十六汤品》

苏廙撰《十六汤品》，大概作于公元 900 年前后，即唐末或五代十国之初。该书原为《仙芽传》第九卷中的一篇短文，其后，陶谷将其抽出收入《清异录》卷四中。所论与现在的茶汤审评技术有关，内容包括煎以老嫩言者凡三品、注以缓急言者凡三品、以器类标者共五品，以薪火论者共五品。“十六汤”的名目为得一汤、婴汤、百寿汤、中汤、断脉汤、大壮汤、富贵汤、秀碧汤、压一汤、缠口汤、减价汤、法律汤、一面汤、宵人汤、贼汤、大魔汤。

（五）其他茶典

裴汶撰有《茶述》，极力提倡饮茶，斥责“多饮令人体虚病风”的无稽之谈，论说茶性清，茶味洁，有涤烦、致和之功效，百服不厌，得之则安，不得则病，其功效至数十年而后显。可惜，《茶述》一书已佚，今仅陆廷灿的《续茶经》中收有《茶述》之序文。

唐代的茶书编撰，从草创走向理智，开启了随后千年来的宏大规模，从而成为中国茶书史上有声有色的序曲。

第五节　唐代茶与文人

在唐朝以前，宴会上从来都是酒的天下，无论是三五好友的小聚，还是朝廷上涉及邦交的宴会都少不了酒的助兴。之后，随着茶的逐渐发展，其后来居上，成为文人交往之中的常客。对于文人来说，宁可食无肉，不可饮无茶，茶是他们招待好友、宴请宾客等交往当中必不可少的元素，是他们心中礼的存在。在这个过程中，茶与文人之间还有着一些趣事，下面进行简要介绍。

一、陆羽与渐儿茶

中国茶史第一人陆羽，字鸿渐，昵称“渐儿”，当时人们把他煮的茶唤作“渐儿茶”。

陆羽是一个孤儿，三岁时被丢弃在湖北竟陵龙盖寺外的湖畔。传说那天早上天上的大雁飞下来，把羽毛覆盖在这个弃婴的身上，以免他被冻死。此时，寺里的住持智积禅师正好路过湖边，就把这个婴儿抱回了寺院，从此抚养他长大。弃儿无名，因为是在岸边发现的，智积禅师就让他姓“陆”；因为有大雁缓缓飞来，用羽毛遮盖他的身体，所以叫他“羽”，字“鸿渐”。陆羽自幼好学，跟着智积禅师学习煮茶。智积禅师是位嗜茶的和尚，非陆羽煎的茶不饮。后来陆羽为了考察各地的茶，云游他乡，智积就此停止饮茶。唐代宗李豫也喜欢品茶。有一次，唐代宗召智积进宫，每天命宫中煮茶名手奉上名茶，一再劝智积品饮，希望得到他的赞美，但智积总是尝上一口，便默默放下了。李豫问他为何不饮，智积便说明自己所饮之茶，都是由弟子陆羽所煎的。饮过他煎的茶后，旁人煎的就觉得淡而无味了。李豫听后便派人四处寻找陆羽，终于在吴兴县苕溪的天杼山找到了他，并把他召到宫中，当即命他煎茶。陆羽立即将带来的紫笋茶精心煎制后献给李豫，其味道果然与众不同。于是李豫命他再煎一碗，让宫女送给智积，智积只是呷了一口，连连叫好，一饮而尽，饮完冲出房间，便高呼陆羽的小名渐儿，要同他见面。李豫惊问何出此言，智积便说明自己方才饮的是渐儿茶，只有陆羽才能煎得出来，据此知晓他到宫中来了。如此一来，陆羽煎茶的本领，受到唐代宗的嘉许，唐代宗还要留陆羽为官。陆羽却对仕途无意，依然返回山野，著他的《茶经》去了。从此，陆羽煎茶之神，也就天下闻名了。

二、郎士元大碗斗茶

唐代宗大历年间的著名诗人郎士元是嗜茶之士。他的诗清丽雅致，但他恃才清高，有时出口不免伤人。郎士元曾偶然说过一句话让镇西节度使马燧心里十分不舒服。于是，马燧约郎士元到家中喝茶。当时，豪门贵族家饮食中有一种食品叫"古楼子"，就是将一斤上等羊肉切片后均匀地铺在一张大饼上，加上胡椒粉、豆豉、盐等调料，再浇上酥油，然后入火炉炙烤，烤至半熟就可以吃了。吃"古楼子"得有好茶伴食，否则难以下咽。茶宴当天，马燧一起床就开始吃"古楼子"，他慢慢地吃，还忍着不喝一口茶水。马燧吃完"古楼子"，就在家中等待郎士元。

郎士元来的时候，马燧早已口干舌燥，喉咙如火烧般，因此马上命人烹茶。马家有许多皇帝赏赐的上等好茶，茶烹好了，你一杯我一碗，开始喝了起来。十碗茶喝完再煎茶，两人又一口气连喝了十碗。就这样，两人各喝了二十碗香茶。郎士元第一次见识到这种大碗连饮的茶宴，与他平常参加那种细品慢啜、品茗吟唱、悠闲自得的文人茶宴自是大大不同。马燧饮茶如同指挥作战般横扫千军，一口气就连饮二十碗浓茶。郎士元年纪已大，肠胃又不好，一下喝这么多茶，他的肚子实在无法承受。郎士元不好就此告辞，强忍着又坐下来喝茶。但他哪里知道马燧平日喝茶就是大碗喝，为的是消腻解渴，这二十碗茶对他来说根本算不了什么。于是两人对饮又拼了七大碗，这时郎士元总算见识到马燧喝茶的厉害，他知道再喝下去非撑破肚皮不可，就坚决告辞，逃出了马家。他刚走到自己的马车前就一顿大吐，十分狼狈，回家后病了很久。

其实，郎士元与马燧都善饮茶，但郎士元重在品，注重的是茶的精神作用；马燧则重在饮，着重于茶的解渴功能。

第六节 唐代茶俗

茶会、茶宴是一种兴起于西晋，在唐代十分流行，而且对后世有着深远影响的茶文化现象。

从唐代开始，茶会、茶宴极为流行，可以找到许多关于茶会、茶宴的历史记载。当时的茶会、茶宴是文人和士官阶层常用的聚会方式，情趣高雅，为文人所向往。例如，白居易在《夜闻贾常州、崔湖州茶山境会想羡欢宴因寄此诗》中就充分地透露了向往之情。湖州、常州两州太守监制紫笋贡茶，在境会亭斗茶试新，场面十分热闹。白居易因为坠马损腰，在家以蒲黄酒疗伤，不能参加聚会，只能遥想聚会盛况，叹息自己“蒲黄酒对病眠人”。

在《太平广记》中，记载了奚陟摆茶会的事情。

奚陟为唐代宗大历末年进士，唐德宗时累进中书舍人。待其成为吏部侍郎时，饮茶已为唐人所推崇。生性奢侈的奚陟追随风气，在家中购置了一套当时即使是在公卿家中也难得一见的精致茶具。一日，奚陟邀请了一批官场同僚在家中举办茶会。当时客人二十多个，奚陟坐在了东侧首位，而奉茶的人却从西侧客人开始。喝茶的人众多，而茶碗却只有两个，茶量又少，加之客人的嬉笑、闲谈，茶碗传递得就越发慢了。

这时，一位下属匆匆地拿着账本和笔砚进来要求奚陟签押。天热口渴，奚陟本就烦躁，看到下属如此不识趣，又满脸油光、丑陋不堪，一股厌恶之情油然而生，就一把推开了他。这位下属猛然被推，一下子就倒在了地上，研墨四溅，他的脸上和账本被染得乌黑一片，引得众人一阵哄笑。

从这则故事中隐约可以看出，唐朝时的茶会是非同一般的，它已经具有一定的规则：要有一套较为讲究、精致的茶具，众人需要分坐在东西两侧，由专门的人为客人奉茶，茶碗只能用两个且茶量不多。而这些规则可以说是最初茶道的雏形。

唐代皇帝还经常赐茶或茶药给大臣，特别是对于请假入觐的官员，以及返乡省亲的大臣，赐给茶药更成形制。有时候也以茶犒赏军队，将茶分给将士，以示体恤慰劳之意，为的是茶可以消去戎甲的湿暑之气。唐人也常借着致赠茶药表示奖励、感谢、慰问、虔敬的心意。

从唐朝末期到宋代初期，人们互相赠送茶叶并表达感谢的行为逐渐兴盛，成为上流社会重要的礼仪之一。当茶文化开始成为社会中不可或缺的元素时，统治者也会将其视为维持和加强统治的重要策略。在唐朝时期，茶叶除了赏赐给近臣外，高僧名儒、边境将士以及其他人也有可能因多种原因而获得茶叶的赏赐。

在社会中，君臣之间赐茶的行为象征着人们之间相互赠送的一种互助文化。在谈到习俗中的赠茶的时候，民间相互赠送茶叶的传统比单向赠送更加古老。就像伟大的诗人李白所写的《答族侄僧中孚赠玉泉仙人掌茶》中就清楚地呈现出，在此之前，特别是在文人圈内，相互赠送茶叶并以诗歌回赠的风俗是极为普遍的。

在唐代晚期，寄答茶的诗作数量相当多，如白居易的诗作《萧员外寄新蜀茶》和《谢李六郎中寄的新蜀茶》，以及柳宗元的《巽上人以竹间自采新茶见赠酬之以诗》等。有一种说法是唐朝时期的茶道和相关的茶文化，最初起源于皇宫内部，之后逐渐流传至普通民众之间。实际上，宫廷茶文化通常起源于民间茶文化，并在此基础上逐步发展。

此外，茶文化与婚姻习俗的融合可以追溯到唐代，尤其是在唐中期，无论是在中原地区还是偏远地区，茶在日常社会活动中都扮演着重要角色。陆羽在《茶经》中详细描绘了唐代茶文化的兴盛及茶道的传承。茶文化的盛行促使茶道和婚礼之间开始产生关联。据《藏史》记载，公元641年，唐太宗李世民在文成公主的嫁妆中添加了茶叶，由此可见茶叶在唐代开始具有了象征吉祥的意义。

第七节　唐代茶文化的对外传播

唐代是茶文化向周边国家和地区传播的重要时期，在公元6世纪，我国的茶就通过丝绸之路流入中亚地区，促进了中亚茶文化的形成和发展。

汉武帝时期派遣张骞从长安出发，经过甘肃和新疆，直达中亚和西亚数十个国家，标志着陆上丝绸之路的开辟。汉末之后的400年左右的时间内，中国长期面临朝代更替频繁、割据势力众多、游牧民族不断南下骚扰的局面，茶文化的发展和传播极其受限。直到唐代，中外之间的交通空前发达，与邻邦的对外交流处于极其活跃的状态，长安是当时最大的国际性大都市，也是世界贸易中心。唐代的茶叶和茶文化在域外得到了广泛的传播，向东传往日本和韩国等国家，直到今天，日本和韩国的茶文化与中国还有着千丝万缕的关系。

唐宰相贾耽撰《皇华四达记》，成书于贞元年间，原书久佚，《新唐书·艺文志》著录其名、卷数，并在《新唐书·地理志》末尾保留了一些残篇，在这些残篇中记载了唐入四夷及周边邻国的七条路线，分别是营州入安东道，登州海行入高丽渤海道，夏州塞外通大同云中道，中受降城入回鹘道，安西入西域道，安南通天竺道，广州通海夷道。其中第四道、第五道为唐朝对外交往的西线，即陆上丝绸之路，唐代茶叶及茶文化就是通过该路线向中亚地区传播的。

这七道可以归并为四路：第一路，安东道和高丽渤海道可进入朝鲜半岛，并可进一步延伸到日本，这是唐朝国际交往的东线；第二路，安西入西域道，就是经常被人们提及的陆上丝绸之路，这是唐朝国际交往的西线；第三路，以广州为支点，通过海路到达东南亚、天竺，通过波斯湾，以幼发拉底河的“乌剌国”为终点，另有以安南为支点，通过海路到达天竺，这条线路也被称为“海上丝绸之路”，这是唐朝国际交往的南线；第四路，大同云中道、回鹘道是唐朝与回鹘、突厥等少数民族的交往线路。前三条路线是唐朝与域外各国交往的路线，中国的茶文化正是沿着这些线路对外传播的。

唐贞元二十年，日本僧人最澄经日本天皇的批准，率弟子义真等，随日本第十二次遣唐副使石川道益抵达中国。805 年前后，最澄、空海和永忠先后回到日本，最澄回国时，自临海龙兴寺带去《法华经》等章疏一百二十八部、三百四十五卷，还携回王羲之等名家碑帖拓本十七种。回到日本后，在比睿山大兴天台教义，正式创立日本佛教天台宗。三人肩负起了传递中国唐代最新文化信息的重任，他们出色地完成了国家交给他们的任务，除了将当时新兴的密教等新文化带回日本，并使之在日本得以扎根、弘扬之外，还带回了中国的茶籽、茶饼、茶具。

另外，从弘仁饮茶中对陆羽煎茶法惟妙惟肖的模仿，弘仁茶诗与中国茶诗词语的雷同表现上可以推测出，《茶经》一书与当时的中国饮茶诗文也由最澄、空海、永忠等人一并带回了日本。以嵯峨天皇为首的日本上层人士对新传来的饮茶文化表现出了极大的关注与热情，特别是嵯峨天皇，不仅多次参与茶会，还在皇宫里特置茶园，下令在日本近畿地区种植茶叶，希望饮茶文化在日本长久发展。可以说，正是因为有了这样一位热衷于中国文化的天皇，最澄等留唐僧人的存在价值才得到了充分的肯定；中国唐代的饼茶煮饮法才得以在弘仁年间前后发扬光大，形成一股“弘仁茶风”。毋庸置疑，弘仁茶风的统领者即嵯峨天皇。

唐朝时，越南与中国的交流包括了政治、经济、宗教、文化、社会等多个方面。当时，安南人与中土名士的交往也颇为频繁，中唐诗人张籍曾作《山中赠日南僧》：“独向双峰老，松门闭两崖。翻经上蕉叶，挂衲落藤花。甃石新开井，穿林自种茶。时逢海南客，蛮语问谁家。”这位来唐求法学道的南海僧人在山中种植茶树，这说明彼时安南人已经接触到茶，并有将茶带回安南的可能。衡州茶产于湖南，陆羽《茶经》中有四次提到衡州茶。衡州茶的产量很大，在两广和越南地区销售。这说明越南（交趾）茶叶的消费量也是很大的，在唐朝中晚期，茶在越南已经不再是稀奇珍宝，而是较常见的饮品了。

第五章　宋代：茶文化兴盛期

宋朝可以说是中国古代历史上社会经济、文化教育与科学空前繁荣的时代，也是茶文化从发展中迅速走向成熟的重要时期。经过“盛世唐朝”这块肥沃土壤的培育，茶文化这棵芽苗茁壮成长，到宋朝，它已经成为一棵参天大树，绿荫成片，延伸出一派不同于唐朝但更胜于唐朝的兴盛繁荣景象，留下一段段茶史、茶事、茶人传奇。

本章主要介绍宋代茶文化，分别从宋代制茶方法、宋代茶艺、宋代茶具、宋代茶与文学、宋代茶与文人、宋代茶俗、宋代茶文化的对外传播七个方面展开叙述。

鸣锣催促采茶的人回来。在过去，可能是由于茶叶的采制量相对较少，而制茶人手众多，能够实现现采现制，加之采用蒸汽杀青的方式，所以时间的限制对茶叶品质的影响并不显著。

在摘茶过程中，应使用指甲而非手指来掐断茶叶。指甲能够迅速且干净地掐断茶叶，避免揉捏造成的损伤。而手指则可能因温度较高而损害茶叶，同时手指的汗水还可能影响茶叶的新鲜度和清洁度。因此，采茶者通常会携带一个装有清洁泉水的木桶，一旦摘下茶芽，就立即将其浸入水中以保持新鲜。然而，在现今的炒青绿茶制作工艺中，这种做法并不被推荐。原因在于，使用指甲摘取高档细茶时，茶叶基部的细胞容易受到损伤而发红。此外，采茶的最佳天气是晴天，因为雨水会影响茶叶的品质。

二、拣茶

宋代贡茶在采摘之后、蒸制之前，还要比唐茶多一道工序：拣茶。拣茶是对茶鲜叶进行处理。由于茶芽刚刚萌发，采摘下来的芽叶中往往会夹杂着鱼叶，古人将其称为白合。同时，在茶芽与树枝连接处的茎基部，常有一个棕黑色的乳头状物，被称为乌蒂。这两种物质若混入芽叶中，会对其品质造成显著影响。如果不去除白合，茶水的味道会变得苦涩；而如果不剔除乌蒂，则茶水的颜色会变得黄黑，影响观感。此外，还需要注意紫芽和过大的不合格芽叶。

三、蒸茶

利用高温高压蒸汽将茶蒸热，使梗、叶变软，以利于压制成型。蒸茶工具有灶、釜、甑、叉等。在蒸制茶芽之前，必须将其放入洁净的容器中反复清洗，确保无尘无垢。之后，将茶芽薄薄地铺在甑内，待锅中的水开始沸腾后，再置于其上蒸煮。蒸煮时，对茶叶的熟度控制至关重要。若蒸煮不熟，茶叶色泽会保持青色，泡茶时容易下沉，且可能散发出草木或桃仁般的气味。而蒸煮过熟，则会使茶叶变黄，味道变得淡薄。如果茶芽被蒸得过烂，茶叶将难以形成胶质粘连。唯有蒸煮得恰到好处的茶叶，才能散发出甘美的香气。但如果在过熟与不熟之间权衡，还是过熟的茶叶在甘香口感上更胜一筹。

四、榨茶

经过蒸煮的茶芽被称为“茶黄”，需即刻用冷水多次冲洗，以迅速降低其温度。

随后，将茶叶置于小榨中去除多余水分。接着，用布帛将茶叶包裹，外层再用竹片束紧，然后放入大榨中进行压榨，以去除茶叶中的膏汁。压榨至深夜时，需取出茶叶进行揉捻，使其均匀，之后再次放入大榨中重复压榨。经过一整夜的持续重压，茶叶会被完全榨干。此时，膏尽的茶叶色泽会变得如同干竹叶一般。若膏去除不净，则会导致茶色浑浊、口感沉重并带有苦味。如果是作为茶饼底面的茶叶层，则无须过度压榨，以保持其光泽。

五、研茶

研茶所需的工具包括柯木制成的杵和瓦盆。在经过榨茶过程后，茶叶已经完全干燥，不含水分，因此在研磨时，每个团茶都需要加水。需逐杯添加，且水的总量有所限制。品质越高的茶叶，所需加水的杯数越多。每加一杯水，都要等到水分被茶叶完全吸收后才能进行研磨。研磨的次数越多，茶叶的质地就越细腻。

研茶这一工序需要挑选手腕力量强的人来完成。然而，加十二杯水以上的团茶，一个熟练工人一天也只能研磨一团，这足以说明其制作过程的耗时与费力。

六、造茶

蔡襄《茶录》对造茶过程有如下记载："新采，拣去老叶及枝梗碎屑。锅广二尺四寸。将茶一斤半焙之，候锅极热，她茶急炒，火不可缓。待熟方退火，撤入筛中，轻团那数遍，复下锅中。渐渐减焙干为度。中有玄微，难以言显。火候均停，色香全美，玄微未究，神味俱疲。"①

七、过黄

过黄为中国古代饼茶制作工序。在干燥过程中，为去掉茶叶的苦涩味，应用沸水浸提，然后迅速冷却，再用文火慢慢焙干，否则茶叶将暗无光泽。现代茶叶加工已不再采用此工序，但在加工某些品质不高的茶时，过黄对改善其滋味尚有一定作用。

---

① 郭孟良：《中国茶典》，山西古籍出版社 2004 年版，第 130 页。

第二节 宋代茶艺

在宋代，饮茶之风极为盛行，饮茶的方式也呈现出多样化。中国茶艺自唐代起，经过不断的发展与演变，至明代已相当成熟，到清代则基本形成了稳定的模式。在这一历程中，宋代的饮茶方式起到了重要的桥梁作用，其独特的饮茶技艺不仅彰显了时代的特色，而且在中国茶文化的发展历程中占据了举足轻重的地位。点茶技艺在宋代传入日本后，成为日本茶道的起源，对日本的茶文化产生了深远的影响。

一、宋代的茶艺特点

在继承前人茶文化的基础上，宋代茶文化展现出了独特的发展轨迹。点茶法的普及、贡茶的精进制作、斗茶活动的风靡，以及茶品研发与比拼的盛行，都极大地推动了宋代制茶技艺的提升，并催生了更多的茶学著作。同时，市民阶层对茶文化的热衷，为宋代茶文化注入了新的活力。茶艺及其相关的礼仪规范，在融合了儒释道思想后，进一步升华为茶道，从而彰显了宋代茶文化独特的风格。此外，宋代涌现出的大量茶主题诗词、歌赋、对联及专著等文化作品，对茶文化的传播与普及起到了关键的推动作用。

（一）斗茶之风盛行

在唐代，主要的饮茶方式为煮茶法，进入宋代后，点茶法开始广泛流行，即通过水注冲点抹茶，并用竹筅搅拌出丰富的泡沫，这不仅使饮茶变得更加有趣，还催生了比拼点茶技艺的活动——斗茶。斗茶这一风俗在唐代已在闽北地区形成，到了宋代更是风靡全国。斗茶，主要是比试茶汤的泡沫色泽是否纯白，以及泡沫的持久性，即“咬盏”的能力。

斗茶这一活动是从品茶的基础上逐渐演变而来的。品茶，也被称为品茗，通常由主人邀请几位知己好友，将精心泡制的茶水倒入类似小酒杯大小的茶盅中，然后大家像品酒一样细细品味。斗茶则不同，“斗”既含有争斗的意味，也有在竞争中争夺胜利之意。在斗茶活动中，参与者需要拿出自己珍藏的名茶，依次品尝，最终通过品质的比较来决出胜负。

斗茶的标准涵盖了茶叶色相与香气、茶汤口感的香醇程度、茶具的品质以及煮水时火候的控制等多个方面。整个斗茶过程需要参与者集体品鉴，最终评选出品质上乘者为胜者。

斗茶活动通常在规模较大的茶叶店进行。这类店铺往往分为前后两个厅堂，前厅宽敞明亮，是店铺的门面；后厅则相对狭小，并配备有小厨房，便于煮茶。另外，那些雅致整洁的内室、古旧庭院同样为斗茶提供了理想的场所。

（二）茶文化精粹——分茶

点茶法使饮茶变得极富娱乐性，同时，定期的斗茶活动也极大地推动了点茶技艺的持续创新。这一过程中，甚至产生了能在茶汤中绘制文字和图像的精湛技艺，即分茶。在宋徽宗以及众多文人墨客、僧侣的热烈推崇与实践下，宋代的分茶技艺发展到了巅峰，也由此将中国茶文化推向了历史高潮。

分茶始于北宋初年，是一种用泡沫表现字画的独特的艺术形式，适用于表现中国字画。它使中国字画的表现形式由固态发展到了液态，具有不可替代的艺术价值。分茶又称汤戏或茶戏。杨万里有一首《澹庵坐上观显上人分茶》诗，记述了他观看显上人玩分茶时的情景，十分详尽而生动。诗云："分茶何似煎茶好，煎茶不似分茶巧。蒸水老禅弄泉手，隆兴元春新玉爪。二者相遭兔瓯面，怪怪奇奇真善幻。纷如擘絮行太空，影落寒江能万变。银瓶首下仍尻高，注汤作字势嫖姚。"北宋初年，有一种叫"茶百戏"的游艺，盏面上的汤纹水脉会变幻出种种图样，形若山水云雾，状似花鸟虫鱼，恰如一幅幅水墨图画，故也有"水丹青"之称。

由于分茶要使茶汤汤花在瞬间显示出瑰丽多变的景象，因此需要较高的沏茶技艺。一是用"搅"创造出汤花形象，二是直接用"点"使汤面形成汤花。在宋代，人们推崇使用"点"茶法来沏茶。所谓点茶，本质上就是注茶的过程，具体做法是用单手提起执壶，让沸水自壶嘴由上而下，径直冲入装有茶末的茶盏之中，在茶盏内形成变化多端的图案。因此，执壶的高低，手势的不同，壶嘴造型的不一，都会使注茶时出现不同的汤面物象。

二、宋朝时期的饮茶艺术——点茶茶艺

（一）点茶茶艺概说

点茶是唐、宋时的一种煮茶方法。点茶是分茶的基础，所以点茶法出现的时间不会晚于五代。点茶，也常在斗茶时进行。它可以在两人或多于两人之间进行，也可以自煎、自点、自品，它给人带来的身心享受，能使人回味无穷。与唐代的煎茶法有所不同，点茶法需要将茶叶研磨成末，然后置于茶碗之中。接着，先加入少量的沸水，将其调成糊状，随后再次注入沸水，并使用茶筅在注入沸水的同

时进行搅动，使茶末上浮，形成如同粥面一般的浓厚泡沫。在操作过程中，有几个关键环节需要注意。首先，要使用茶瓶煮沸水，对水温的掌握与唐代煎茶法的要求相同。接下来，在茶盏中放入适量精细研磨的茶末，并添加少许沸水，将其调整为膏状。这个步骤需要依据茶盏的大小，用勺子取适量的茶末，再注入沸水，直至形成黏稠的浓膏。然后，一手持壶注水，这个过程需要精准控制水流的落点和速度，以免破坏茶面的结构。同时，另一只手则用茶筅在茶盏中旋转搅动，使茶汤产生丰富的泡沫，这一技巧被称为"运筅"或"击拂"。在实际操作中，注水和击拂必须同步进行。为了达到最佳的点茶效果，需要特别注意三点：精细的调膏技巧、有节奏的注水方式，以及根据实际情况灵活调整茶筅击拂的力度和速度。只有掌握了这些要点，才能制作出顶级的茶汤。而那些精通此道的高手，则被誉为"三昧手"。北宋苏轼《送南屏谦师》诗曰："道人晓出南屏山，来试点茶三昧手。"

（二）点茶备器

宋代茶艺，处处体现了理学的影响，连器具亦不例外，如烘茶的焙笼叫"韦鸿胪"，碎茶的木槌称作"木待制"，茶碾称作"金法曹"，罗筛称作"罗枢密"，茶磨称作"石转运"，连擦拭器具的手巾都有了个高雅的官衔，称作"司职方"[①]。不论这些名称所表达的礼制规范是保守还是进步，其中的文化内涵都一目了然。可见，中国古代茶具不是为了繁复而繁复，而是为了表达一定的思想观念。宋代全套茶具以"茶亚圣"卢仝的字命名，叫作"大玉川先生"。足见，仅以使用价值来理解古代茶器是难得要旨的。

点茶的主要茶具有茶炉、茶磨（用于碾茶）、茶臼（用于捣碎饼茶）、茶帚、茶罗（筛茶用）、茶瓶（煎水用）、茶筅（用于搅拌茶汤）、茶盒、茶勺、茶盏、茶巾、水盂等。

（三）点茶备茶

1. 烤茶

用高温"持以逼火"，并且经常翻动，"屡其正"，否则会"炎凉不均"，烤到饼茶呈"虾蟆背"状时为适度。烤好的茶要趁热包好，以免香气散失。烤茶起到干燥的作用。

---

① 叶羽编著：《茶书集成》，黑龙江人民出版社 2001 年版，第 74 页。

2. 碾茶

碾茶道理上和煎茶差不多。简单来讲，其区别是煎茶要将茶叶做成条状，要求形状好、颜色好、有光泽；而碾茶的目的是把茶叶的茎和叶分开，不追求形状和光泽，只注重颜色和香味。

3. 烘茶

因茶叶的茎和叶的含水量不同，表面积不同，又没有经过揉捻，所以干燥速度有快慢之分。烘过的茶叶往往茎还没有干，而叶片已经很干了，故需要分开再烘。

（四）点茶选水

随着经验的积累，嗜茶之人开始注重择水煮茶。到了宋代，人们就开始从理论上提炼和总结茶与水的关系。水是煮茶的关键，如果好茶没有用好水煮，那就跟普通茶的味道没有区别。古人评判水质的标准，主要有以下三点。一是水要“甘洌”。凡甘泉之水皆有清凉感。二是水要“鲜活”。所谓“鲜活”之水是指新取的有源溯之水。三是水要“轻洁”。所谓“轻”是相对“重”而言的，好水通常质地轻，浮于上，劣水通常质地重，沉于下。从宋徽宗到乾隆皇帝，都视“轻”为好水的重要标准。

总之，宋代饮茶取水以清、轻、甘、洁为美。为了让宜茶之水达到洁净甘洌的效果，宋人总结了一些净化水质的“洗水”办法，即砂石过滤法，用小石子或细砂将水过滤后使用（见图 5-1）。

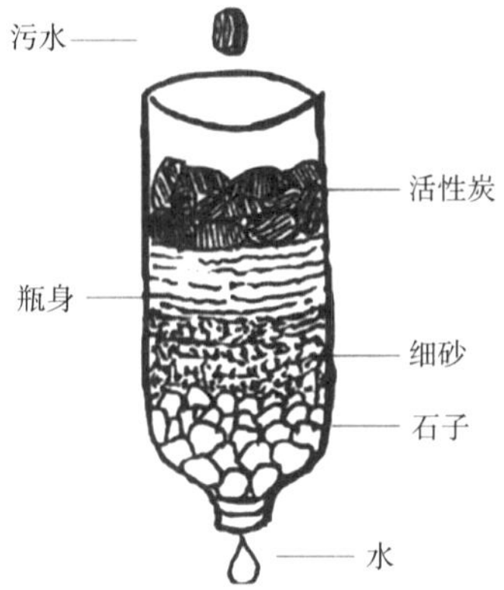

图 5-1　砂石过滤法

（五）煮水

宋人不直接将茶放入釜中煮熟，而是先将饼茶细心碾碎，之后放入茶碗中备用。接着，用釜来烧水，当水刚开始微微沸腾时，就立即冲入放有茶末的茶碗中。为了让茶末和水更好地融合，人们发明了一种由细竹制成的工具，也就是人们所说的“茶筅”。点茶的方法是将茶末置于茶碗中，先加入少许沸水调至糊状，随后再次注入沸水，或者在注入沸水的同时使用茶筅进行搅拌。这样，茶末就会上浮，形成如同粥一般的浓稠表面。要想给客人献上一碗美味可口的茶，水温的调节非常重要。为此，在点茶过程中，如何调整炭火也就变得很重要。调炭时，有“三炭”之说，即底火、初炭（第一次添炭）、后炭（第二次亦即最后一次添炭）。具体做法如下。清理好地炉内部并撒好湿灰后，将三根圆形短炭作为底火放进炉底。在准备工作结束后，将客人迎进茶室。在底火炭周围刚好披上一层薄薄的灰时进行第一次添炭最佳，若底火火势太弱，连地炉本身都未能烘暖，会显得主人太冷淡，缺乏对客人的体贴之心。反之，若底火火势太强，第一次添炭时，底火炭都要燃尽了，这不但缺乏情趣，亦不利于恰到好处地调节水温。

（六）斗茶

斗茶，即比试茶的好坏之意，是惠州传统民间风俗之一。斗茶这一活动起源于唐代，经考证，它最初是在以出产优质贡茶而闻名的福建建州诞生的。每当春季新茶采摘制作完成后，茶农和茶客们便会通过斗茶这一比赛形式来评定新茶的优劣。这种活动考验参与者的技巧，充满了趣味性和挑战性。在唐代，这种活动被称为“茗战”，而到了宋代则更名为“斗茶”。这不仅是一种具有浓厚竞技色彩的茶叶评比方式，更是一项深受人们喜爱的社会活动。

斗茶活动多在清明节期间举行，因为此时新茶刚刚产出，品质最佳，非常适合作为斗茶的材料。斗茶的参与者通常是热爱饮茶的茶友，人数有多有少，多则十余人，少则五六人。如果是在茶叶店铺里进行斗茶，附近的店家或员工也会轮流前来观看，那些打算购买茶叶的顾客，更是热衷于一睹斗茶的风采。

在宋代，茶道受到了极高的重视和推崇，甚至被理论化，通过著书立说的方式被传承。例如，风雅的宋徽宗赵佶撰写了《大观茶论》，蔡襄著有《茶录》，黄儒则写下了《品茶要录》等著作。根据宋、明时期的笔记记载，斗茶活动包括斗茶品、行茶令以及展示茶百戏等环节。

1. 斗茶品

两人或多人斗茶时，评比的内容主要是两个方面。一是汤色，即茶水的颜色，“以纯白为上真，青白为次，灰白次之，黄白又次之”[①]。二是汤花，即汤面泛起的

① 叶羽编著:《茶书集成》，黑龙江人民出版社2001年版，第49页。

泡沫。评判汤花的品质，主要依据两项标准。首先是汤花的色泽，它与茶汤的颜色紧密相连，因此两者的评判准则是一致的。其次是汤花形成后水痕显现的时间，出现得越早则代表品质较差。汤花细腻均匀，仿佛“冷粥面”一般，能够紧紧贴附茶盏边缘，长时间保持不散，这种状态被称作“咬盏”，是最佳的表现。相反，若汤花无法“咬盏”，便会迅速消散。一旦汤花散去，茶汤与茶盏接触处便会显露出水痕（即茶色的水线）。因此，水痕出现的时间是判断汤花好坏的一个重要依据。而使用相同的水来煎茶，则更能准确地检验出茶的优劣。在进行此类斗茶活动时，必须深入了解茶的特性、水质以及煎制后的效果。宋代范仲淹有首《和章岷从事斗茶歌》说得好：“斗余味兮轻醍醐，斗余香兮蒲兰芷。其间品第胡能欺，十目视而十手指。”

2. 行茶令

随着斗茶之风遍及朝野，文人更以此为嗜好，斗茶由论水道茶衍生出一种新的形式和内容，即行茶令。行茶令最早出现在宋代，它是宋代斗茶兴盛的产物，是茶会时的游戏。行茶令时由一人做令官，令在座者如令行事，失误者受罚。王十朋的诗《万季梁和诗留别再用前韵》云：“搜我肺肠茶著令。”在中华茶文化发展史上，出现过许多风韵雅举，行茶令就是其中之一。它并没有随着历史原因而消失，相反地，它仍受现代人青睐。茶令之行，极大地丰富了中国茶文化，是一个富有文化意义的创举。

3. 茶百戏

有关茶百戏的来历见于陶谷的《清异录》，这是他杂采隋唐至五代典故所写的一部笔记，内分三十七门。

茶百戏，也被称为分茶、水丹青、汤戏或茶戏，是一种源远流长的茶道艺术形式。它通过精湛的技巧，仅使用茶和水，无须添加任何其他原料，便能在茶汤表面绘制出文字和图像，形成独特的纹脉物象。当茶百戏的作品与插花等自然景物相结合时，便能巧妙地展现出中国文化的丰富意境。茶百戏是我国宝贵的文化资源，是再现古代点茶、斗茶文化的重要技艺。

茶百戏，作为一种独特的艺术形式，通过液体来展现字画之美，其艺术表现力别具一格。茶汤中显现的纹理丰富多彩、自然而富有灵性，更值得一提的是，在同一杯茶汤中，图案可以多次变幻，给人以无尽的惊喜。茶百戏不仅展现了中华艺术的意境美、线条美和朦胧美，更因其新颖独特的表现手法，特别适合呈现中国传统风格的山水花鸟图案。它对观众具有强大的吸引力和影响力，不仅适合游客观赏、体验，更是各类大型庆典活动的理想选择。通过茶百戏，可以有效提升茶产业的附加值，丰富文化旅游的内涵。茶百戏集欣赏与品饮于一体，具有无可替代的文化价值。

茶百戏，这一中华文化的艺术瑰宝，尤为注重线条的美感。它不仅是一种独特的茶道表现形式，更是线条艺术的典范。在茶百戏中，线条的变化与组合被赋予了深刻的意义，它们不仅为作品注入了节奏感和韵律美，更成了艺术家情感表达的重要媒介。

茶百戏作品在线条的运用上十分考究，不仅注重线条的力度与速度，更追求情感的深刻表达，整幅作品充满节奏感和韵律感。线条的强弱变化有规律地重现，构成了独特的节奏美，而线条在表现作者情感起伏时所形成的轨迹，则展现了韵律美。通过线条的长短、繁简、浓淡、交错、呼应等巧妙组合，茶百戏作品能呈现出一幅幅充满节奏美和韵律美的画卷。

茶百戏的艺术特色在于以线条描绘形态，通过形态传达神韵，它并不追求外形的逼真，而是着眼于精神的契合。在创作中，它灵活运用对称、均衡、反复、重叠等艺术手法，使得作品在疏密、轻重之间达到巧妙的平衡，于变化中寻求整体的和谐统一。为了给人留下深刻印象，茶百戏作品会适当夸张人物特征，使男子更显雄伟，女子更显纤丽，从而更生动地展现其性格特点。这种艺术手法并非写实，而是象征性的表达，它不求外形的相似，但求神韵的相通。

茶百戏作品巧妙地通过线条的丰富变化来传达不同的韵味和情感。这些线条或庄重典雅，彰显崇高之美；或生动活泼，流露出轻松流畅的韵律；或刚健挺拔，体现豪放不羁的气质；更有浑厚苍劲之作，抑扬顿挫间自然流露出深厚的艺术功底。

茶百戏作品通过线条表现独特的装饰美。其同国画一样讲究线条的和谐应用与排列，将纷繁杂乱、模糊抽象的物象规律化、条理化、具体化，通过“线条美”呈现高度概括、精炼、明确的程式化语言。

茶百戏作品也讲究骨法。骨法是中国画在对线条的运用上与西方绘画的重要区别，即写意与写实的区别。茶百戏作品也讲究骨法的运用，其线条不仅是物象形体结构的轮廓边沿，其自身也具有一种独立的审美价值。而西洋画的线条只起到轮廓线的作用，自身独立存在的审美价值并不突出。茶百戏作品用线条表现对象时，一般不受光的明暗变化的影响。

第三节　宋代茶具

宋代政府对文人十分优待，因此，两宋文人的生活十分优越。然而，在吏治腐败、国势衰微的宋代中后期，文人的生活虽然非常优越，但那种报国无门的痛苦却比任何朝代来得都要强烈。面对黑暗现实却又无能为力，宋代文人的心态日趋内敛，转而于寻常日用中寻求精神的满足，营造精巧雅致的生活氛围，而饮茶恰恰满足了他们的这一需求。在文人与皇帝的参与下，宋代饮茶之风臻于鼎盛且穷极精巧。

宋代茶具包括茶盏、茶碗、茶壶、茶瓶、茶罐、茶盘、茶匙、茶筅、茶帚、茶巾等，其中茶盏是主要的品茶器皿，追求小巧精致，要能够更好地展现茶汤的颜色和汤花。

宋代茶具的材质包括瓷器、金银器、玉器、漆器、木器等，其中瓷器制品为主流，尤其是以青白瓷和黑釉瓷为代表的瓷器，如青花瓷茶具和建盏，具有独特的魅力和审美价值。

宋代茶具的造型和色泽体现了宋朝人简洁、素雅、清新、自然的审美倾向，以及对于黑色和白色的偏爱。例如，建盏厚重坚硬的胎体和含铁量高的瓷土，以及青花瓷淡雅幽菁的色泽，都能体现出宋代茶具的独特美学。

宋代茶具的纹饰体现了宋朝人对于龙凤、花卉、山水等传统图案的喜爱，以及对于兔毫斑、鹧鸪斑等窑变效果的追求。

宋代茶文化讲究仪式感，从审安老人所作的《茶具图赞》中可以看出宋人对品茶器具的喜爱。宋代茶具不仅是饮茶的工具，也是一种艺术创作，反映了宋朝人的文化品位和生活情趣。

总体来说，宋代茶具种类丰富、材质多样，同时还具有独特的造型、色泽以及纹饰，极具实用性和审美性。这些特点共同构成了宋代茶文化的独特风貌。

一、宋代茶具代表

在宋代众多的茶书中，能够与唐代陆羽《茶经·四之器》所列茶具相提并论的，当属南宋审安老人的杰作《茶具图赞》。审安老人于宋咸淳五年汇集宋代点茶用具之精华，采用传统的白描绘画技法，精心绘制了十二件茶具的图形，并赋予它们“十二先生”的雅称。他还根据宋代的官职体系，为这些茶具分别赋予了相应的职称，赐以名、字、号，足见当时上层社会对茶具钟爱之情。针对图中的“十二先生”，作者还批注“赞”誉。《茶具图赞》既赋予了茶具文化内涵，又反映出儒、道两家待人接物、为人处世之理，也为后人了解宋代的典型茶具提供了重要的依据。

（一）十二茶具

1. 韦鸿胪

韦鸿胪（见图 5-2）别称文鼎、景旸、四窗闲叟。

赞曰："祝融司夏，万物焦烁，火炎昆岗，玉石俱焚，尔无与焉。乃若不使山谷之英堕于涂炭，子与有力矣。上卿之号，颇著微称。"[①]

茶焙笼，以竹编制而成，竹编时有四方洞眼，所以称之为"四窗闲叟"，其最主要的作用是焙茶。

图 5-2　韦鸿胪

2. 木待制

木待制（见图 5-3）别称利济、忘机、隔竹居人。

赞曰："上应列宿，万民以济，禀性刚直，摧折强梗，使随方逐圆之徒，不能保其身，善则善矣，然非佐以法曹、资之枢密，亦莫能成厥功。"[②]

茶槌，用以敲击茶饼，也以木材制成，审安老人呼之为"隔竹居人"，以拟人化的手法赞其"禀性刚直，摧折强梗，使随方逐圆之徒，不能保其身"[③]，最后不忘提到与金法曹、罗枢密配合使用，才能起到作用。

图 5-3　木待制

3. 金法曹

金法曹（见图 5-4）别称研古、轹古、元锴、仲铿、雍之旧民、和琴先生。

① 叶羽编著:《茶书集成》，黑龙江人民出版社 2001 年版，第 73 页。
② 叶羽编著:《茶书集成》，黑龙江人民出版社 2001 年版，第 73 页。
③ 叶羽编著:《茶书集成》，黑龙江人民出版社 2001 年版，第 73 页。

赞曰："柔亦不茹，刚亦不吐，圆机运用，一皆有法，使强梗者不得殊轨乱辙，岂不韪欤？"[①]

茶碾，以金属制成，冠以"法曹"之官名。作用是将茶饼碾成茶末，"使强梗者不得殊轨乱辙"[②]，唐代已有茶碾，制作材料不一，可以用石、金、银、木等各种材料。宋代沿袭唐代的碾茶法，却更为讲究。

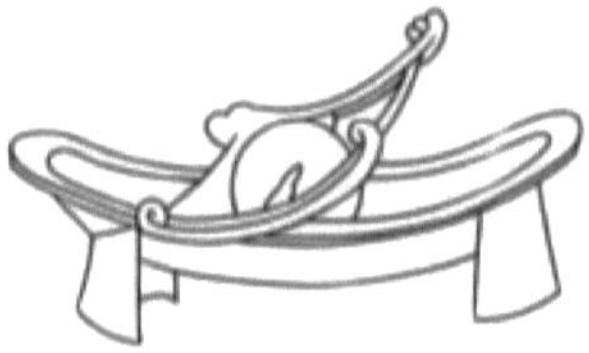

图 5-4 金法曹

4. 石转运

石转运（见图 5-5）别称凿齿、遄行、香屋隐君。

赞曰："抱坚质，怀直心，啖嚅英华，周行不怠，斡摘山之利，操漕权之重，循环自常，不舍正而适他，虽没齿无怨言。"[③]

茶磨，由石头精致打造，被形象地称为"石转运"。它的功能与金法曹颇为相似，主要用于将茶饼碾磨成细腻的粉末。在碾磨过程中，茶香四溢，因此审安老人又赋予了它一个雅致的别称——"香屋隐君"。茶磨有大小两种规格，小茶磨适合个人使用，一人便可轻松操作进行碾磨。而大茶磨则利用水力等机械装置，通常由官方负责置办。苏辙在任期间，曾因水磨茶对当地百姓生活产生影响，而上书《乞废官水磨状》，请求废除官方磨茶，让民间自由碾磨茶叶。

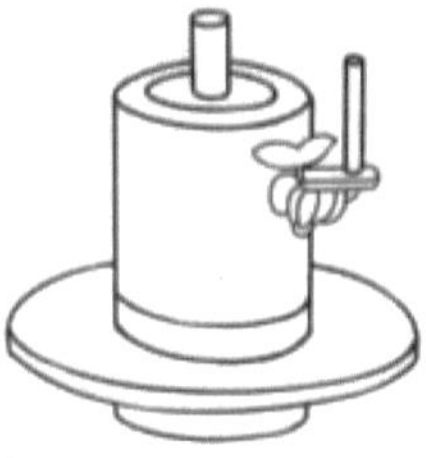

图 5-5 石转运

① 叶羽编著:《茶书集成》，黑龙江人民出版社 2001 年版，第 73 页。
② 叶羽编著:《茶书集成》，黑龙江人民出版社 2001 年版，第 73 页。
③ 叶羽编著:《茶书集成》，黑龙江人民出版社 2001 年版，第 73 页。

5. 胡员外

胡员外（见图 5-6）别称惟一、宗许、贮月仙翁。

赞曰："周旋中规而不逾其闲，动静有常而性苦其卓，郁结之患悉能破之，虽中无所有而外能研究，其精微不足以望圆机之士。"①

瓢杓，用以舀水，配以诗意的名称"贮月仙翁"，宋代文人喜欢取江水烹茶，苏轼有诗云："大瓢贮月归春瓮，小杓分江入夜瓶。"故得此名。

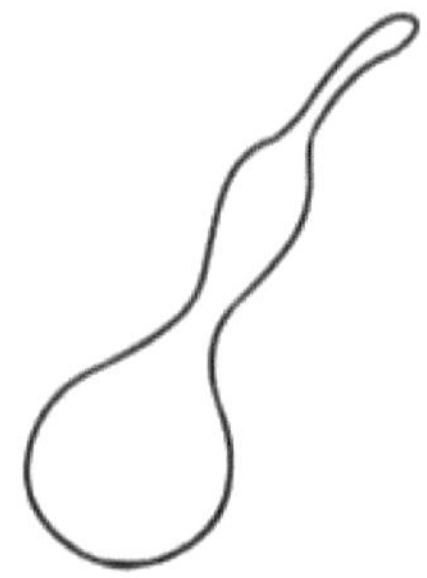

图 5-6 胡员外

6. 罗枢密

罗枢密（见图 5-7）别称若药、传师、思隐寮长。

赞曰："凡事不密则害成，今高者抑之，下者扬之，使精粗不至于混淆，人其难诸！奈何矜细行而事喧哗，惜之。"②

罗筛，审安老人将这款茶具冠以"枢密"之官职，足见其举足轻重的地位。它的主要用途是筛选茶末。在茶叶被碾磨成茶末后，为了追求更高的品质，需要进行过罗筛选。唐代习惯以煎茶为主，对茶末的粗细并不十分讲究，宋代则更加推崇点茶和斗茶的文化，因此对茶末的精细度有着极高的要求。若想在斗茶比赛中占据优势，过筛这一环节便显得尤为重要。

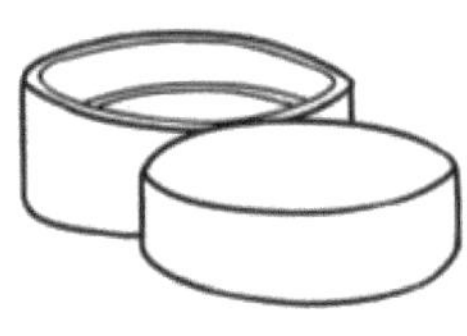

图 5-7 罗枢密

① 叶羽编著：《茶书集成》，黑龙江人民出版社 2001 年版，第 73 页。

② 叶羽编著：《茶书集成》，黑龙江人民出版社 2001 年版，第 73—74 页。

7. 宗从事

宗从事（见图 5–8）别称子弗、不遗、扫云溪友。

赞曰："孔门高弟，当洒扫应对事之末者，亦所不弃，又况能萃其既散、拾其已遗，运寸毫而使边尘不飞，功亦善哉。"[①]

茶刷，以"从事"这一官职来命名它，确实非常恰当。这款茶具的主要功能是刷茶末。当茶饼被茶碾碾磨成茶末，并经过罗筛的仔细筛选后，就需借助茶刷将茶末扫起，然后集中存放。

图 5–8　宗从事

8. 漆雕秘阁

漆雕秘阁别称承之、易持、古台老人。

赞曰："危而不持，颠而不扶，则吾斯之未能信。以其弭执热之患，无坳堂之覆，故宜辅以宝文，而亲近君子。"[②]

盏托，这款被冠以"秘阁"之名的茶具，其主要功能是承托茶盏，从而有效防止因茶盏过热而烫手。在宋代，茶盏托的设计形式多样，大多数以漆制成，多为素色漆或精美的雕漆款式（见图 5–9）。

图 5–9　素色漆盏托

9. 陶宝文

陶宝文（见图 5–10）别称去越、自厚、兔园上客。

① 叶羽编著：《茶书集成》，黑龙江人民出版社 2001 年版，第 74 页。

② 叶羽编著：《茶书集成》，黑龙江人民出版社 2001 年版，第 74 页。

赞曰："出河滨而无苦窳，经纬之象，刚柔之理，炳其绷中，虚己待物，不饰外貌，位高秘阁，宜无愧焉。"①

审安老人在此所提及的"去越"，实际上是指茶盏曾以越窑青瓷为上，宋代则从越窑青瓷变成了建窑黑瓷。此外，"自厚"二字揭示了茶盏器壁的厚实特性，这与黑釉茶盏的特点相吻合。而"兔园上客"则进一步明确了这里所指的是建窑兔毫盏。

图 5-10 陶宝文

10. 汤提点

汤提点（见图 5-11）别称发新、一鸣、温谷遗老。

赞曰："养浩然之气，发沸腾之声，中执中之能，辅成汤之德，斟酌宾主间，功迈仲叔圉，然未免外烁之忧，复有内热之患，奈何？"②

汤提点即水注，又叫执壶，其主要用途是注汤点茶用。审安老人以"汤提点"呼之十分贴切，又以"温谷遗老"称之，十分点题。

图 5-11 汤提点

汤瓶是点茶过程中不可或缺的茶具。在中唐时期，主要以煎茶为主，人们将茶末投入茶釜中煎煮，那时并无汤瓶的概念。然而，随着晚唐和五代时期点茶的兴起，汤瓶也随之诞生。汤瓶的制作十分讲究，小巧的瓶身更便于掌握火候和点

① 叶羽编著：《茶书集成》，黑龙江人民出版社 2001 年版，第 74 页。
② 叶羽编著：《茶书集成》，黑龙江人民出版社 2001 年版，第 74 页。

茶，同时注汤也更加精准。黄金打造的汤瓶是皇室和上层社会人士的专属茶具，而对于普通人，陶瓷汤瓶则是首选。从出土的宋代茶具可以看出，南北方的瓷窑都有生产汤瓶，特别是南方的越窑、龙泉窑以及景德镇的瓷窑。这些汤瓶通常具有广口、修长的腹部，以及比唐代长出三四倍的管状壶流，因为点茶注汤时，汤瓶的长流起着至关重要的作用，“注汤利害，独瓶之口嘴而已，嘴之口差大而宛直，则注汤力紧而不散。嘴之未欲园小而峻削，则用汤有节而不滴沥。盖汤力紧则发速有节，不滴沥，则茶面不破”。[①] 宋徽宗的《大观茶论》中，用外来词汇强调了汤瓶长流在斗茶中的绝对重要地位。在古人遗留下来的画作中，有不少展现宋代饮茶、点茶、斗茶场景的精品书画。其中，刘松年的《斗茶图》就清晰地描绘了汤瓶的形状和结构：喇叭口，高颈，溜肩，腹部逐渐收紧，肩部装有长长的管状弯曲流嘴。

11. 竺副帅

竺副帅（见图 5-12）别称善调、希点、雪涛公子。

赞曰：“首阳饿夫，毅谏于兵沸之时，方金鼎扬汤，能探其沸者几稀！子之清节，独以身试，非临难不顾者畴见尔。”[②]

“竺副帅”揭示了茶筅的制作材质，即由竹子打造而成。其主要功能是调制茶汤，并能产生“雪涛”般的视觉效果。实际上，在宋代斗茶比赛中，利用茶筅在茶盏中调制茶汤是取得胜利的关键环节，要精准控制茶汤上的泡沫与花纹，必须借助茶筅的巧妙配合。

图 5-12　竺副帅

竹制茶筅的保存难度较大，因此在宋墓发掘出土的文物中，茶筅极为罕见。然而，点茶的习俗在宋代已经传入日本，并且在日本抹茶道中沿用至今。在日本抹茶道所使用的茶具中，茶筅便是不可或缺的一员。

① 叶羽编著：《茶书集成》，黑龙江人民出版社 2001 年版，第 47 页。

② 叶羽编著：《茶书集成》，黑龙江人民出版社 2001 年版，第 74 页。

12. 司职方

司职方（见图 5–13）别称成式、如素、洁斋居士。

赞曰："互乡之子，圣人犹且与其进，况瑞方质素经纬有理，终身涅而不缁者，此孔子之所以洁也。"[①]

在点茶的过程中，保持环境的清洁卫生至关重要。茶本身就是一种追求洁净的饮品，在煮茶和点茶时，茶巾是不可或缺的用具，因此审安老人将茶巾列为"十二先生"之一，并赋予其"洁斋居士"的雅称。

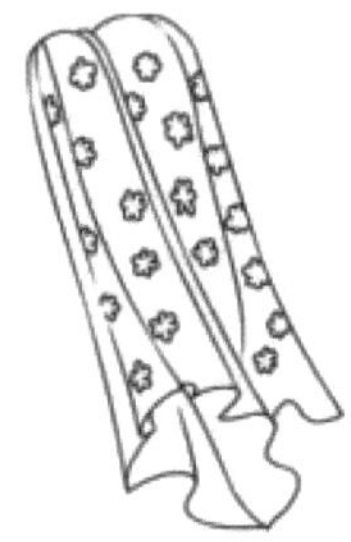

图 5–13 司职方

（二）最具代表性的茶具

为了追求完美的点茶效果，宋人对茶具的选择与使用极为考究。审安老人所列出的"十二先生"茶具无疑是宋代茶具的典范，但要说到宋代点茶最具代表性的茶具，那无疑要数执壶和黑釉盏了。

1. 执壶

执壶，也被称为注子、注壶、偏提或汤瓶，其基本形态特点是敞口、溜肩、弧形的腹部、平底或带有圈足，且在肩腹部装有流嘴，腹部之间则配有执柄。虽然执壶在唐代就已广泛流行，但当时其主要作为酒器使用，典型的以长沙窑执壶为主，其瓷壶上往往有"陈家美春酒""酒温香浓""泛花泛蚁"等题识。唐代的执壶壶流相对较短，一般做成六角形、八角形或圆形。到了五代及宋代，执壶是作为茶具出现的，点茶的需要，对壶流也提出了更高的要求，壶流与执柄开始加长，特别是宋代，其变得更加瘦长，并且常制成瓜棱形。

宋徽宗和蔡襄主张使用金银材质的执壶。比较有代表性的瓷质执壶为河北宣化辽代墓葬中张世卿墓出土的一件黄釉带盖执壶，通体施黄釉，造型别致。

① 叶羽编著：《茶书集成》，黑龙江人民出版社 2001 年版，第 74 页。

2. 黑釉盏

作为宋代最具代表性的茶具之一，黑釉盏是为了满足点茶和斗茶的需求而大量生产的。在宋代，建窑瓷器是黑釉盏的典范，宋代的贡茶苑就位于福建建瓯的凤凰山地区。而龙凤团饼茶的生产，更进一步推动了建窑瓷器的发展与繁荣。

建窑窑址在建阳水吉镇（今福建省建阳区水吉镇的芦花坪一带），俗称为“黑建”或“乌泥建”，以产黑瓷而著称，该窑始于晚唐，盛于宋，而衰于元，至清代而终。

在宋代，斗茶活动中茶色的评价标准是青白胜过黄白。斗茶时偏好使用白茶，因此黑瓷茶盏成为首选。建盏在点茶时备受推崇的另一原因在于其独特的造型和厚实的胎体。建窑出产的黑釉盏通常胎体较厚，造型上主要分为敛口和敞口两种，且这两种造型的盏壁都设计得较深。这样的设计完全是为了满足点茶和斗茶的需求：深底有利于茶叶的发散，宽底便于在使用茶筅搅拌时能够用力击拂而不受阻碍，而厚实的胎体则有助于保持茶水温度，使茶不易冷却。

在建窑黑釉盏的引领下，南北各地的窑场纷纷掀起了制作黑釉瓷的热潮。其中，江西吉州窑由于与建阳地域相近，因此得以抢占先机，大量生产了具有独特风格的黑釉茶具。这些茶具品种繁多，包括洒釉、玳瑁、毫变等。同时，北方的磁州窑、定窑以及河南的一些窑场也积极响应，大量生产黑釉瓷。

二、宋代茶具的材料

（一）陶瓷茶具

宋代是我国陶瓷业空前繁荣的时期，其陶瓷技艺已经达到了炉火纯青的成熟境地。当时，全国各地的窑场如雨后春笋般涌现，所生产的茶具数量之多令人惊叹。纵观整个宋代，除独树一帜的建窑外，官窑、哥窑、定窑、汝窑、钧窑这五大名窑也享誉全国。这些名窑所出产的茶具，共同缔造了宋代陶瓷界百花争艳的繁荣景象。

1. 官窑茶具

官窑在五大名窑中位列榜首，其得名源于瓷器由官府专设的窑场烧制。宋代官窑有北宋河南开封官窑和南宋浙江杭州官窑之分。据史书记载，北宋官窑位于京师汴梁（今开封），但窑址至今尚未发现。相较之下，南宋官窑的存在已经得到了专家的确认。南宋朝廷在偏安临安（今杭州）后，首先在凤凰山麓的万松岭附近修内司设立了修内司官窑，专门为南宋宫廷烧制礼器及生活用具。

南宋官窑不仅继承了唐代越窑青瓷茶具的精湛工艺，还结合宋代艺术饮茶的风尚，对其进行了创新与发展。产品从原先的薄釉青瓷演变为厚釉青瓷，呈现出新的艺术风貌。这些瓷器造型典雅庄重，线条流畅有力，釉色丰富多样，包括粉青、月白、油灰和米黄等。在装饰技艺上，南宋官窑更是独辟蹊径，巧妙运用“开片”和“紫口铁足”等独特艺术手法，创造出了别具一格的碎纹艺术釉。官窑瓷器的造型多以仿古礼器为主，同时也涵盖了碗、盘、瓶、洗、炉等日常生活用品和装饰品。

2. 哥窑茶具

哥窑历史可追溯至五代时期，至南宋达到鼎盛，以专注于烧制青瓷而声名远扬。哥窑的产品特点在于胎体轻薄却质地坚硬，坯胎色彩丰富，包括黑色、深灰色、浅灰色及土黄色等，其中黑灰胎被赞为“铁骨”。釉层厚实饱满，色泽沉稳，涵盖粉青、翠青、灰青及炒米黄等多种颜色，以灰青为主色调，而粉青色则被视为珍品。装饰方面，哥窑以纹片为特色，大纹片呈现黑色，小纹片为黄色，大小纹片交错分布的被称作文武片。细眼状的被称为鱼子纹。类似冰裂的纹理则被称为白圾碎。此外，还有蟹爪纹、鳝鱼纹、牛毛纹等多种纹理。这些纹理是在烧制过程中，由于釉原料的收缩系数差异自然形成的，美观大方，广受人们喜爱，从而发展成了一种独特的装饰艺术。哥窑的另一显著特征是器物底部露胎，胎骨坚硬如铁，口部釉面隐约透出紫色，因此被赞誉为“紫口铁足”。传世的哥窑瓷器中，茶具制品虽然数量不多，但却因其独特性而显得尤为珍贵。

3. 定窑茶具

定窑的窑址位于现今的河北曲阳涧磁村，因其在宋代隶属于定州而得名，是宋代北方的一个重要瓷窑。该窑始创于唐代，主要以烧制白釉瓷为主，同时也烧制黑釉、酱釉、绿釉等多种瓷器。至北宋时期，定窑的发展达到了巅峰。在制作工艺上，定窑采用了特殊的覆烧技术来烧制瓷器。其产品特点为胎体薄、釉面润泽，造型别致，且装饰图案复杂多样。在装饰手法上，定窑多采用刻花和印花，同时也有白釉剔花和金彩描花等技艺，图案主题包括花卉、禽鸟、云龙、游鱼、婴戏等，富有生活气息。北宋晚期，定窑还曾为官方烧制瓷器，这些瓷器底部常刻有“官”或“新官”等标识。定窑的器型种类繁多，如碗、盘、瓶、罐、炉、枕、壶等，其中以罐、瓶、盆最为常见。然而，到了元朝初期，定窑全面停止了烧制。在现存或出土的定窑瓷器中，茶具占有一定比例，主要包括碗、盏、盏托和执壶等，特别是紫定盏托和黑定敞口碗，已成为标准的茶具代表。

4. 汝窑茶具

汝窑，其窑址位于现今的河南宝丰境内，因宋时该地隶属于汝州，故得此名。

汝窑原本是一家专门烧制印花、刻花青瓷的民窑。然而，到了北宋晚期，朝廷指定汝窑为御用青瓷的烧制地。汝窑的瓷器特点显著，其胎体呈现浅灰白色，质地极为细腻，被大众俗称为“香灰胎”。而其釉色更是出类拔萃，呈现出美丽的天青色，这种颜色在瓷器界又被称为“葱绿色”。汝窑曾为宋代宫廷大量生产生活用品和陈设品，其中茶具作为皇室日常生活中的重要用具，也得到了大量的制作。但遗憾的是，汝窑的辉煌时期极为短暂，仅仅持续了20年便因战乱而消失，其独特的烧制工艺也随之失传。

5. 钧窑茶具

钧窑，这一从北宋至金时期声名显赫的瓷窑，坐落于现今的河南禹州市。因地属钧州，故得钧窑之名。作为北宋晚期的青瓷窑场，钧窑在烧制技艺上独树一帜，它巧妙地运用了氧化铜和氧化铁呈现不同颜色的原理，成功烧制出了蓝中带红或蓝中带紫的复合色釉。这一创新不仅颠覆了单色釉瓷的传统，更在陶瓷史上书写了新的篇章。其釉色中，以玫瑰紫、天青、月白和海棠红最为人称道。钧窑的瓷器质地上佳，工艺精湛，以胎质细腻、坚实著称，造型上则展现出端庄古朴之美。其釉质肥厚且带有明显的乳浊光泽。值得一提的是，钧窑瓷器通过独特的窑变技术，在瓷器表面形成了各种自然而神奇的图案。这些图案有的仿佛云雾缭绕的高山，有的又似峡谷间的飞瀑流泉，或是翠竹轻烟，色彩斑斓且变幻莫测，令人陶醉其中。钧窑瓷器的另一显著特征是釉面上常出现的不规则流动状细线，这种独特的纹理被形象地称为“蚯蚓走泥纹”。正是这种别具一格的装饰效果，使得钧窑的产品深受人们的喜爱。此外，钧窑还曾为宫廷专门烧制瓷器，主要以陈设用瓷为主，如精美的花盆、鼓钉洗、奁以及出戟尊等。

除上述五大名窑外，宋代的窑口还有很多，如磁州窑、耀州窑、吉州窑、龙泉窑、景德镇窑等名窑。

（二）金银茶具

宋代的金银器与唐代相比则更加普及，除皇室宫苑有专门加工金银器的机构外，城里也有出售金银器皿的专门店铺，一些富商巨贾以及家底殷实的家庭都可以享用金银制品。《东京梦华录》记载，民间茶肆酒楼的饮具也用金银制作。而在北宋东京的一些大酒家，顾客上门，只要有二人对饮，就可送上一色白银打造的餐具一套，包括酒壶、酒碗一套，盘盏两副，果菜碟子各五片，汤菜碗三五只。宋代的茶馆布满大街小巷，宋人使用的茶具也以金银为上品，宋人视之为身份和财富的象征。

1990 年福建茶园山南宋许峻墓出土一件鎏金银执壶，从造型上看和审安老人线描图中的“汤提点”相似，应是宋代标准的银茶具。此外同墓出土的还有银碗，系压模成型，敞口、斜腹、底圆平形，底外焊接一个小小的圈足，碗壁内錾出梅花的纹饰，造型轻盈，典雅大方。

（三）漆茶具

漆器在我国有着悠久的历史，新石器时代的河姆渡文化遗址中就出土了八千年前的漆碗，这说明我们的祖先已懂得利用漆树的汁液制作漆器了。从秦汉一直到唐代，我国漆器制作工艺不断进步，为我们留下了无数精致的漆器制品。到了宋代，漆器制作又达到一个高峰，漆器也开始从贵族垄断享用的奢侈品渐渐走向民间，宋代有专为宫廷制作漆器的官方机构，也有民间设立的作坊，生产大量的漆器。

宋代的漆器同唐代相比，最主要的特点是素色，这同宋代的审美取向有关。体现在陶瓷上也一样，宋代人追求内敛，通过简洁的造型、线条而不是华丽的表面来彰显一件器物的价值。宋代的漆器以黑色居多，也有紫色、朱色，造型也以碗、盘、盏托、盒、罐、勺之类为主。宋代单色漆器大多体轻胎薄，使用方便，在工艺上也有创新。

漆茶具主要以盏托为主，审安老人提到的十二先生中有“雕漆秘阁”，即雕漆茶盏托，用漆茶托来搭配黑釉盏，可弥补黑釉盏外壁露胎的缺陷。由于漆器的保存相对较难，所以传世下来的宋代漆茶具不多，大多数是宋墓的考古发掘品，这些漆茶具大多收藏在博物馆中。

第四节　宋代茶与文学

一、宋代茶诗

同唐诗在唐代文学史上的地位一样，宋词无疑是宋代文学星空里最明亮的一颗星星。温庭筠、黄庭坚、苏轼、欧阳修、辛弃疾、李清照等文豪大家比比皆是。而就如前文所述，宋代文人多爱茶，茶在宋朝又得到了前所未有的重视，那么自然而然地，茶也就成了宋代文人们咏叹的对象。宋代流传出了大量以“茶”为主题的诗词作品，而这又进一步地促进了宋朝茶文化的繁荣发展。

（一）王禹偁的茶诗

王禹偁，字元之，北宋白体（主张学习白居易）诗人、散文家、官员，太平兴国八年进士，曾任左司谏、知制诰、翰林学士等，却因敢于直谏，屡遭贬谪，曾被贬至黄州，故又世称王黄州。虽仕途不顺，王禹偁在文学方面却多有成就，是北宋诗文革新运动的先驱。王禹偁文学韩愈、柳宗元，诗崇杜甫、白居易，内容多反映社会现实，风格清新易懂，著有《小畜集》。

王禹偁一生的遭遇与杜甫颇为相似，曾三次因为直言敢谏被贬，其思想、性格、行为等方面都与杜甫多有相似之处，也继承了杜甫的诗词创作风格，敢于揭露现实，针砭时弊，其诗多反映百姓的痛苦和社会的黑暗，如《对雪》《感流亡》等，对北宋文学发展起到了积极的推动作用。王禹偁第一次被贬商州时，途中历尽艰辛，心中抑郁难解，写下了这首《龙凤茶》。

龙凤茶

王禹偁

样标龙凤号题新，赐得还因作近臣。
烹处岂期商岭外，碾时空想建溪春。
香於九畹芳兰气，圆似三秋皓月轮。
爱惜不尝惟恐尽，除将供养白头亲。

时北宋贡茶，前有丁谓制得佳茗“龙凤团茶”，后有蔡襄改制珍品“小龙凤团茶”，珍贵无双，以致王侯将相都有“黄金可得，龙团难求”之感叹。而这首诗正是描绘了龙凤团茶的千金难求与美味无比。唯有“近臣”方能有幸得赐龙凤团茶，其烹煮又岂是随随便便而已？对水的极致讲究世上无双。其茶香甚于世间“九畹芳兰气”，其外形之美又如“三秋皓月轮”，实在是令人爱惜不已，甚至不舍得品尝，将其供奉至“白头亲”。事实上，这段描写并不夸张，欧阳修就曾有幸得一饼小龙凤团茶，不舍得饮用，只是时常拿出摆弄而已。

王禹偁的《龙凤茶》写出了北宋龙凤团茶作为贡茶的珍贵无双。读罢令人在感叹茶之余，不禁深思，王禹偁作此诗何止是写茶而已。这位因逆耳忠言被贬至商州的诗人，更是在借茶抒情托志，贪官污吏之流只因是近臣，便可尽得皇恩，享用龙凤团茶，自己一腔为国之心，却只能居于商州，令人唏嘘不已。

（二）范仲淹的茶诗

范仲淹，字希文，北宋著名的政治家、思想家、军事家、文学家、教育家，世称“范文正公”。其少时读书刻苦，一生成就非凡，步入仕途，曾担任右司谏，又协助平定西夏李元昊的叛乱；立志教育，州县办学；气节高洁，心系天下；善于识人，一代名将狄青、一代大儒张载、一代名相富弼皆受其提携；文学造诣极高，留给后世许多脍炙人口的诗文名篇……

然而，同许多文人墨客一般，范仲淹的政治生涯并不顺畅，也曾数度被贬。宋仁宗景祐元年，范仲淹因直言惹怒仁宗，被贬睦州。或许是贬谪激发了他本就过人的才干，这一年成为范仲淹一生中的第一个创作高潮。也就是在这时，范仲淹写下了反映宋朝茶文化的《和章岷从事斗茶歌》。

时宋朝斗茶之风兴盛，不论王孙贵族，还是平民百姓，皆参与其中，可谓全民参与。范仲淹的这首七言古诗《和章岷从事斗茶歌》正是描写了这样的斗茶场面。奇茶的争斗、美器的比较、良水的品鉴、技艺的切磋，使全诗呈现了一场美轮美奂的斗茶赛：水美、茶美、器美、艺美、味美。双眼所及之处，无处不美，美不胜收。而在范仲淹的笔下，茶就似一个精灵，可以令胜者洋洋得意、败者垂头丧气；可以令屈原招魂、刘伶得声；可以令酒市疲软、药市不景气；可以令斗茶者赢得满箱财富而归……诗文似行云流水，夸张且浪漫，气势充沛，读后令人印象深刻，恨不得亲眼见一见这般神奇美好的斗茶场景。

范仲淹诗词众多，留给后世的茶诗却寥寥无几。然而，就此一首，写的已是生动精练、优美顺畅，留下颇多名句，具有极强艺术性的语言更是让世人对斗茶之景有更加深入的了解、体会，足以与唐代卢仝的《走笔谢孟谏议寄新茶》相媲美。

（三）苏轼的茶诗

作为一代大文豪，苏轼一生的仕途并不顺畅。入狱、贬谪，苏轼的一生可谓坎坷。然而，他生性豪放坦荡，即使命途多舛，苏轼也积极处世、造福一方。苏轼爱茶，一生与茶有着不解之缘。在北宋的文坛上，爱茶之人不在少数，却没有一人如苏轼般对品茶、烹茶、种茶等茶事都颇有自己的体会。其流传后世的诗词佳作当中，涉茶诗近百首，其中专门咏茶的有近五十首。苏轼与茶，可谓缘分匪浅。

元祐七年，苏轼收到好友曹辅寄来的新茶与茶诗，欣喜之余，挥笔附和写下了被后人津津乐道的《次韵曹辅寄壑源试焙新茶》。

次韵曹辅寄壑源试焙新茶

苏轼

仙山灵草湿行云，洗遍香肌粉未匀。
明月来投玉川子，清风吹破武林春。
要知玉雪心肠好，不是膏油首面新。
戏作小诗君勿笑，从来佳茗似佳人。

在苏轼的笔下，新茶犹如出浴美人，冰肌玉肤，香粉未匀。饮茶之后，便觉清爽至极，犹如清风徐来，沁人心脾。新茶的美，天然去雕饰，其天然之美犹如绝代佳人。以佳人比佳茗，开一代风气，苏轼这句“从来佳茗似佳人”自此流传千古，成为历来给予佳茗的最高赞誉，而这首诗也成了咏茶名诗。

苏轼不仅爱茶，还深谙烹茶之术。1097 年，苏轼被贬至海南，而在此之前苏轼已经被贬至惠州，正准备定居。时年 60 岁，苏轼遭此困厄，却于海南写下了这首煎茶名篇《汲江煎茶》。

汲江煎茶

苏轼

活水还须活火烹，自临钓石取深清。
大瓢贮月归春瓮，小杓分江入夜瓶。
雪乳已翻煎处脚，松风忽作泻时声。
枯肠未易禁三碗，坐听荒城长短更。

命途多舛，苏轼却依旧笑面人生。在当时远离中原文明的荒原海岛之上，苏轼依旧四处积极寻求生活的乐趣，亲自汲取清江活水，点炉烹茶，听闻茶水翻滚之声，犹如松风和鸣，禁不住饮茶三碗，神清气爽，精神倍加，诗意横飞。命运多舛却心胸坦荡，苏轼与茶是相交相知的。爱茶、懂茶之余，苏轼留下的茶诗远远不止这些。《月兔茶》《问大冶长老乞桃花茶栽东坡》等尽是描绘北宋名茶，为人津津乐道;《游惠山》《安平泉》《虾蟆背》《虎跑泉》《雪诗》《焦千之求惠山泉诗》等尽显苏轼品泉鉴水之道，甚为精妙；而在《和钱安道寄惠建茶》《种茶》等诗中，诗人又以茶为主题，无情地揭露了官吏欺压茶农的罪行，显示出了诗人不只是超尘脱俗的茶客，更是以茶喻志、以茶抒情，鞭挞假恶丑、歌颂真善美的入世茶人。

苏轼与茶的结合，可谓是文人与茶和谐的最高境界。而这些茶诗诉说的不仅仅是苏轼无与伦比的豁达心胸，更是宋朝璀璨辉煌的茶文化史。

（四）陆游的茶诗

陆游，字务观，号放翁，南宋著名爱国诗人，才华横溢，一生笔耕不辍，留给后世九千多首诗，是中国现存诗最多的诗人。陆游于襁褓中时就随家人颠沛流离，历经因外敌而动荡不安的生活，其爱国主义情感尤为强烈，自幼就立志杀胡救国，一生著作大多抒发了对敌人、通敌叛国者的仇恨与抗金杀敌的万丈豪情，其诗词风格雄浑悲壮、激情无限，贯穿着强烈的爱国主义精神。无论是在思想上，还是在文学上，陆游的成就都卓越非凡，有“小李白”之称，他是南宋一代诗坛领袖，在中国的文学史上占据着极为崇高的地位。

就是这样的一代卓越诗人，一生中与茶有着割剪不断的缘分。陆游生在茶乡越州山阴，即今浙江绍兴，宋朝名茶口铸茶、瑞龙茶、花坞茶、卧龙山茶等皆产于此。陆游曾提举福建路常平茶盐公事和江南西路常平茶盐公事，为茶农茶事做过许多大事。他还交嗜茶者为友，自号“茶山居士”的曾几是其导师，范成大、梅尧臣、朱熹、辛弃疾等好茶者皆为其好友。陆游自称生平有四嗜，即“诗、客、茶、酒”，他一生还写下了三百多首涉茶诗，堪称创作茶诗数量最多的诗人。

陆游专门咏茶的诗词并不多，但其诗涉及茶的许多方面，生动地展现了宋朝茶文化。有咏名茶，如《秋晚杂兴》中的“聊将横浦红丝碨，自作蒙山紫笋茶”，《建安雪》中的“建溪官茶天下绝，香味欲全须小雪”，《斋中弄笔偶书示子聿》中的“焚香细读斜川集，候火亲烹顾渚茶”等；有写茶业，如《初夏喜事》中的“采茶歌里春光老，煮茧香中夏景长”描绘了采茶、煮茶的农忙景象，《秋兴》中的“邻父筑场收早稼，溪姑负笼卖秋茶”显示出了民间村舍的茶叶贸易，《自上灶过陶山》中的“蚕家忌客门门闭，茶户供官处处忙”反映了宋时的苛重茶税与茶农的艰难；有表现茶艺，如《雪后煎茶》中的“雪液清甘涨井泉，自携茶灶就烹煎”是为煎茶，《临安春雨初霁》中的“矮纸斜行闲作草，晴窗细乳戏分茶”是为分茶，《四月旦作时立夏已十余日》中的“争叶蚕饥闹风雨，趁虚茶嫩斗旗枪”是为斗茶；有茶俗茶情，如《观梅至花泾高端叔解元见寻》中的“春晴闲过野僧家，邂逅诗人共晚茶”，《九日试雾中僧所赠茶》中的“今日蜀州生白发，瓦炉独试雾中茶”等皆反映了宋朝以茶待客、以茶会友的茶风茶俗。

陆游茶诗不单单描绘茶事，其中还多以茶寄情、以茶喻理之作。《山茶一树自冬至清明后著花不已》中“惟有山茶偏耐久，绿丛又放数枝红”让人领略到诗人旖旎、超脱的情怀；《闲中偶题》诗中茶虽香但难解诗人忧愁，全诗无一“痛”字，却让人在茶香中体会到了诗人压抑、悲壮的沉痛；《七月十日到故山削瓜瀹茗翛然自适》虽描绘了饮茶作乐的舒适场景，却又蕴含了诗人的爱国情怀，朝廷安于一时享乐，天下苍生可忧，自己虽有满腔报国之心，却不为他人所容。

陆游一生与茶为伴，茶缘情深，所作茶诗文采斐然，意境超然，不仅向世人展示了宋朝茶文化，还让人得以从中体会其对人生价值的追求、对美好生活的憧憬、对国家天下的责任感。由此可见，陆游实乃一代伟大爱国诗人。

综上所述，宋朝咏茶诗不仅细致描写了茶的外形与神韵，其中还倾注了词人丰富的情感——或是生活志趣，或是日常情思，或是思想情怀，这些情感能够引领着后世读者产生心灵共鸣。显然，在这些诗人眼里，茶已经不只是解渴饮品，更是一种念乡愁思、一种离别伤感、一种隐世之志。茶之于诗人，是精神良友，这也是宋代茶文化兴盛的至高表现。

二、宋代茶词

据《全宋词》及《全宋词补辑》统计，目前现存的宋词中，共有茶词 61 首。其中以“茶”为题者 42 首，以“茗”为题者 1 首。宋代茶词不仅数量多，其类别也是非常丰富的。按照其反映的茶的功效划分，有解人烦忧、消除困意、醒神解酒、解渴去干等类别。诗人以茶词为媒介，诠释了茶的内涵，寄托了其对于诗意生活的追求。

在宋代的茶词创作中，点茶成了一个重要的描绘对象。它不仅在宋代的斗茶活动中占据着一席之地，也是茶人日常生活中品茗的必备技艺。茶人会精心准备饼茶，将其碾碎后置于碗中备用。接着，他们会用釜烧水，待水微微沸腾时，便冲入碗中，与茶叶交融。点茶的过程相当复杂，需要茶人具备高超的技艺，这也使得点茶成了古代宴席上一个引人注目的环节，总能赢得在场众人的赞叹与喝彩。点茶涉及的步骤包括分茶、碾茶、调膏和点水等，这些场景在宋代茶词中得到了生动而细腻的描绘。比如，在词作品《满庭芳·咏茶》中描述道：“密云双凤，初破缕金团。窗外炉烟自动，开瓶试、一品香泉。轻涛起，香生玉乳，雪溅紫瓯圆。”

在宋代民间社会的习俗中，酒宴结束后，主人往往会设茶席来挽留客人，以此展现他们的热情好客，并延续欢聚的时光。通过深入赏析宋词中的咏茶之作，可以发现其中蕴含了诸多主人恳切挽留客人，希望他们再多留片刻的深情厚意。比如，陈师道在其创作的咏茶词《满庭芳（咏茶）》中描述道：“唤起谪仙醉倒，翻湖海、倾泻涛澜。笙歌散，风帘月幕，禅榻鬓丝斑。”

在古时的文人墨客心中，茶天生便具有一种清雅与高尚的气质，这恰恰契合了他们所崇尚的品德与生活方式。宋代的词人们，常常在日常的茶道生活中寻找并表达他们内心的清高与纯洁，同时，也通过这一方式追求着超凡脱俗的精神境界。

三、宋代茶典

宋代茶文化兴盛的一个重要表现就是茶书专著涌现。这些著作或许不像《茶经》一般具有划时代的意义，但也是茶历史上极为重要的一笔，代表着宋代茶文化的鼎盛辉煌，为后世研究茶史、揭开茶文化的神秘面纱留下了重要的参考资料。

（一）《荈茗录》

宋朝建立于960年，而宋代的第一部茶书——陶谷撰写的《荈茗录》则写定于970年。

陶谷历仕后晋、后汉、后周和宋，他一生好茶，痴迷于茶事。《荈茗录》近1000字，分为18条，内容是有关茶的故事，对研究茶由五代至宋代的演变有重要意义。

（二）《大观茶论》

时代的风尚往往受到统治阶级的引导和推动，他们的偏好会对社会风俗的演变产生深远影响。在宋代，由于皇宫和官府对斗茶的热衷与沉迷，饮茶习俗得以广泛传播，深入社会各阶层，并渗透到日常生活的方方面面。茶税作为封建王朝的重要财政来源之一，进一步促进了统治者对茶业的重视。如果说陆羽的《茶经》代表了不得志文人的深入研究，那么宋徽宗赵佶所著的《大观茶论》则是当朝天子的权威论述。茶书的地位也由此从被忽视提升到备受尊崇的高度。

宋徽宗赵佶是北宋的第八位皇帝。他在年仅十八岁登基时，曾怀揣着雄心壮志，期望能成就一番伟业，名垂青史。然而，好景不长，在“丰亨豫大”和“惟王不会”的幌子下，宋徽宗逐渐沉迷于享乐与书画艺术，过起了风流快活的日子，做起了太平盛世的美梦。方腊、宋江领导的农民起义战争接连爆发，却未能撼动他的美梦。直到金国大军压境，他才如梦初醒，但这一觉悟却来得太晚。靖康元年的冬天，金兵攻占了汴京，宋徽宗最终沦为了金国的阶下囚。在次年的四月，金兵撤离并向北回归，他们俘虏了徽宗、钦宗，以及众多王室成员、朝廷重臣，带走了无法计数的金银财宝，这一事件标志着北宋王朝的覆灭。

宋徽宗赵佶在政治上表现平平，但他却是一位非凡的艺术家。在北宋的绘画大师中，他的地位举足轻重，更是创造了独步天下的“瘦金体”书法，同时，他还是一位技艺精湛的品茶专家。赵佶常常与臣僚们一起品茶斗艺，亲手泡茶、斟茶。他甚至还撰写了一部名为《茶论》的著作，后被《说郛》刻本更名为《大观茶论》。这部茶论虽然篇幅不长，仅有2800余字，但涵盖的内容却十分丰富。开篇为绪论，随后详细介绍了地产、天时、采择、蒸压、制造、鉴辩、白茶、罗碾、盏、筅、瓶、杓、水、点、味、香、色、藏焙、品名、外焙二十个主题。赵佶以陆羽的《茶经》为理论基础，结合宋代的社会变革，全面阐述了茶树的栽培、茶叶的加工以及茶品的鉴别方法，在地宜选择、采摘制作、烹煮技艺以及质量评估等方面进行了深入且实际的探讨。

然而，在《大观茶论》中，描述最为精深、造诣最高的部分，莫过于对宋代斗茶的阐述。这种茶艺活动程序复杂，要求严格，技巧细腻。在宋代，斗茶不仅是一种技艺的展示，更代表着一种庄严肃穆、细致入微的精神追求。斗茶使用的茶饼、茶具，以及整个斗茶的程序和期望达到的效果，都有着明确且具体的规定。对此，《大观茶论》给出了详尽且明确的介绍，为读者提供了清晰的指引。在斗茶过程中，首要任务就是鉴别和挑选出优质的茶饼，因为茶饼的质量直接关系到斗茶的效果，“膏稀者，其肤蹙以文；膏稠者，其理歙以实。即日成者，其色则青紫；越宿制造者，其色则惨黑。有肥凝如赤蜡者，末虽白，受汤则黄；有缜密如苍玉者，末虽灰，受汤愈白。有光华外暴而中暗者，有明白内备而表质者，其首面之异同，难以概论”①。这无疑增加了鉴辩的难度。那么，如何才能准确地鉴辩茶饼呢？宋徽宗提出了三条标准：一是以色辨，要求茶饼“色莹彻而不驳”；二是以质辨，要求茶饼“质缤绎而不浮”“举之凝结”，就是质地缜密而不松散，拿在手里有一定重量；三是以声辨，“碾之则铿然”，也就是唐人所说的“拒碾”，这种茶饼质地坚密和干燥。达到这三条标准的，“可验其为精品也”。②而那些以贪利为目的制造的赝品，其肤理色泽是逃不过鉴赏的。

斗茶的过程中，首个重要环节就是调膏。在进行这一步时，需根据茶盏的尺寸，利用勺子挑取适量加工完成的茶末置于茶盏内，随后加入瓶中的沸水，将茶末调至如浓膏般的黏稠度。而在调膏前，温盏是不可或缺的准备工作。一旦茶膏调制完成，紧接着就要进行点汤的步骤。点汤与击拂两个动作需几乎同步进行，它们是斗茶中的关键环节，需要紧密配合，操作得当，如此才能展现出斗茶的艺

① 叶羽编著：《茶书集成》，黑龙江人民出版社2001年版，第46页。
② 叶羽编著：《茶书集成》，黑龙江人民出版社2001年版，第46页。

术魅力。总的来说，精心调膏，有节奏地加入沸水，并恰到好处地掌握茶筅击拂的轻重缓急，方能达到最佳效果。《大观茶论》对此有详细且生动的描述：“妙于此者，量茶受汤，调如融胶，环注盏畔，勿使侵茶。势不须猛，先须搅动茶膏，渐加周拂，手轻筅重，指绕腕旋，上下透彻，如酵蘖之起面，疏星皎月，灿然而生，则茶之根本立矣。第二汤自茶面注之，周回一线，急注急上，茶面不动，击指既力，色泽惭开，珠玑磊落。三汤多置。如前击拂，渐贵轻匀，同环旋复，表里洞彻，粟文蟹眼，泛结杂起，茶之色十已得其六七。四汤尚啬，筅欲转稍宽而勿速，其清真华彩，既已焕发，云雾渐生。五汤乃可少纵，筅欲轻匀而透达，如发立未尽，则击以作之；发立已过，则拂以敛之。结浚霭，结凝雪。茶色尽矣。六汤以观立作，乳点勃结则以筅著，居缓绕拂动而已。七汤以分轻清重浊，相稀稠得中，可欲则止，乳雾汹涌，溢盏而起，周回旋而不动，谓之咬盏。宜匀其轻清浮合者饮之。”①

《大观茶论》所描述的详尽而繁复的“七汤”点茶法，其工序之精细，步骤之琐碎，无不透露出对茶艺的极致追求。然而，在实际操作过程中，这一系列精细的步骤可能仅在短短的一两分钟内完成，这无疑要求操作者拥有敏捷的思维和迅速的动作，以捕捉这转瞬即逝的时机。斗茶结束后，斗茶者还需细细品味茶汤，唯有味、香、色三者皆达到上乘，才能算是真正的赢家。当时，黑色的兔毫建盏广受欢迎，这主要得益于其便于观察茶色的特点。

宋徽宗以皇帝之尊执笔，文中却不见一丝霸气，反倒将茶艺描写得入木三分，淋漓尽致，尽显一代茶学大师的气派，令后世身临其境般见识宋代茶道，实在令人感叹。

可以说，《大观茶论》使得宋代饮茶艺术达到了巅峰状态。这本巨著不仅对后世影响极大，就在当时，其对日本茶道、韩国茶礼的影响也是具体而显著的，可称之为影响茶文化发展史的巨作。

（三）《茶录》

与前代相比，宋代茶业的一个显著特征是东南地区已经超越了四川，成为全国茶业的中心。同时，宋代还涌现了许多著名的产区和新的名茶，这些茶叶的质量也超越了四川的茶叶。正因如此，宋代的茶书作者开始更多地关注这些新兴茶区和名茶。值得一提的是，建州茶在陆羽的《茶经》中并未被描述，但在宋代却异军突起，特别是北苑茶更是声名大噪，成为茶书中的重要讨论对象。

丁谓字谓之，后改字公言，长洲（今江苏苏州）人，淳化三年进士，累官同

① 叶羽编著：《茶书集成》，黑龙江人民出版社 2001 年版，第 48—49 页。

中书门下平章事，昭文馆大学士，封晋国公，后被贬。咸平年间，丁谓任福建转运使，监造北苑贡茶，抓住早、快、新的特点，创龙茶、凤茶等十多个品种，使北苑茶誉满京师。

40年后，大书法家蔡襄亦任福建转运使。蔡襄字君谟，仙游县（今福建莆田）人，能文能诗，其书法为当时书家第一。他习知茶事，负责造茶进贡，大幅提升了北苑茶的加工技术，进而创新制作出精美绝伦的小龙凤团茶，其外形小巧、装饰精美，品质卓越。

由于丁谓、蔡襄都有茶业的实践，又都是能文善墨之人，故两人均写有茶书。丁谓曾撰《北苑茶录》三卷，“录其园焙之数，图绘器具，及叙采制入贡法式”。可惜，该书未能流传下来。蔡襄在皇祐年间撰写《茶录》二卷。《茶录》全文不足800字，上篇论茶汤质量和烹饮方法，分色、香、味、藏茶、炙茶、碾茶、罗茶、候汤、熁盏、点茶十条；下篇论烹茶所用器具，分茶焙、茶笼、砧椎、茶钤、茶碾、茶罗、茶盏、茶匙、汤瓶九条。《茶录》所论均围绕斗茶过程，以色香味观照各环节，将民间与宫廷的不同烹茶方法及用器进行对比，提出了斗茶胜负的评判标准，追求技巧和审美内涵的统一。追求色真、香真、味真，推崇建安民间试茶的功夫，这正体现出了蔡襄与众不同的锐利眼光。从一定的意义上来说，《茶录》是一部很有特色的茶艺专著，标志着茶饮习俗达到了更为艺术化的境界。

（四）《本朝茶法》

茶法专著的出现是宋代茶业高度发展的必然结果。事实上，早在唐朝，就已经有了“榷茶之法”的制度，只是后因“甘露之变”而被废除。而中唐之际茶法已经出现，只是尚无茶法专著。发展至宋朝，茶文化高度兴盛，茶成为日常生活的一部分，随着贡茶制度的完善，茶叶榷禁专卖制度也日趋完善。顺应时代发展潮流，茶法专著首现于宋朝也就成了必然。

沈立，字立之，北宋水利学家、藏书家、官员，撰有《茶法易览》十卷，乞行通商法。然而，辗转百世，《茶法易览》已亡佚。

而至今流传下来的茶法专著唯有沈括于1091年左右撰写的《本朝茶法》。沈括，字存中，北宋时期著名的科学家、改革家，也是中国古代最为博学的科学家。《本朝茶法》就选自其传世巨著《梦溪笔谈》卷十二，约1100字，依照时间顺序，详细记载了宋代茶税和专卖事项，包括许多统计数字和资料，实为可贵。该茶法专著还明确了宋朝禁止私贩茶叶，不服从禁令者，按犯罪情节严重的条款处罚。宋朝实行《茶引法》，即茶商贩卖茶叶，需缴纳茶税后获得茶叶专卖凭证“茶引”。

而不遵循此法则，私自贩卖茶叶者，将会受到相应的处罚。

茶法专著的出现无疑是茶文化发展历史上的一件大事，标志着茶文化发展的高度成熟，意味着茶自此得到了朝廷的合法保护，而非只是民间的单纯饮品而已。

（五）其他茶典

宋代茶书虽以写北苑为多，但并不全写建安茶，而是全景式地勾勒了当时的茶界，如叶清臣的《述煮茶泉品》、王端礼的《茶谱》、蔡宗颜的《茶山节对》和《茶谱遗事》、曾伉的《茶苑总录》等，很多茶书已亡佚，无法一一知道详尽的内容。

另外，还有黄儒撰《品茶要录》，全书近 2000 字。黄儒字道儒，建安（今福建建瓯）人，熙宁六年进士，曾办北苑贡茶，在阅收之暇了解建安茶采造之得失，特著书分辨建安茶的弊病。书的前后各有总论一篇，中分采造过时、白合盗叶、入杂、蒸不熟、过熟、焦釜、压黄、渍膏、伤焙、辨壑源沙溪十目，记载了茶叶质量与气候、鲜叶质量、制作工艺的关系及其原因。《品茶要录》还详细记载了茶叶掺杂掺假的情况及分辨方法，表明当时对茶的制造和评饮已有相当深入的研究。

审安老人所撰的《茶具图赞》为第一部茶具专著，配有 12 种茶具图，并别出心裁给茶具加以职官名号，即：韦鸿胪、木待制、金法曹、石转运、胡员外、罗枢密、宗从事、漆雕秘阁、陶宝文、汤提点、竺副帅、司职方。其中有铁碾槽、石磨、罗筛等，是宋代制造团茶的用具，明代已不再使用这些器具，但人们可从中考见古代茶具的形制。

第五节　宋代茶与文人

宋代文人也爱茶。那些文豪大家摘下才华横溢的面纱后，也都只是寻常人而已，在自己的喜爱之物面前也是百态横生，演绎出了一则则趣闻。不仅如此，文人们还会将自己的才华寄于茶中，衍生出了许多茶坛美谈。

一、欧阳修藏茶

欧阳修，字永叔，号醉翁、六一居士，北宋政治家、文学家，曾官至翰林学士、枢密副使、参知政事，是宋代文学史上最早开创一代文风的文坛领袖，被世人称为“千古文章四大家”之一、“唐宋散文八大家”之一。

欧阳修极爱茶，曾在《次韵再作》作“吾年向老世味薄，所好未衰惟饮茶”，表明唯有饮茶是自己一生嗜好。而作为一代文人巨匠，欧阳修也因爱茶留下了很多咏茶诗文，如《双井茶》《尝新茶呈圣俞》《大明水记》《归田录》等。他还曾为蔡襄的《茶录》作后序。而就在这后序中，欧阳修谈及了自己藏茶的一段趣事。

在当时，蔡襄所制的“小龙团”非常珍贵，专供皇帝饮用，且不轻易赐予朝臣，唯在南郊大礼中，宋仁宗赐一饼“小龙团”于八人。其时，小龙团以十饼为一斤（十六两），一饼才一两六钱，而八人分一饼，一人只能分得二钱，可谓贵如金银，然金可有，而小龙团却不可得也。直到嘉祐七年，小龙团产量稍微变大，赏赐才变成了一人一饼，而欧阳修则有幸得到了其中一饼。欧阳修爱茶，本就极为推崇蔡襄所制的小龙团，现有幸得之，且是在为国为民二十余载后方得到的赏赐，心中可谓是感慨无限。面对如此贵重的“小龙团”，欧阳修自然心爱无比，以至于经常反复抚摸，直到茶饼上出现了明显的凹陷，也不舍得烹试。可以说，欧阳修见此茶如见自己为官的一生，心存无限情怀，故一直珍藏。欧阳修这一段藏茶趣事被传为佳话。

二、茶客黄庭坚

黄庭坚，字鲁直，号山谷道人，晚号涪翁，又称豫章黄先生，洪州分宁人，是北宋著名诗人、词人、书法家，与苏轼并称“苏黄”，与秦观并称“秦黄”，是“宋四家”之一。

黄庭坚嗜茶，曾写过以戒酒戒肉为内容的《发愿文》，并践言而行，一生以茶代酒。不仅如此，黄庭坚早年还得到过“分宁茶客”的称号。据《宋稗类钞》记载，北宋宰相富弼听闻黄庭坚才华横溢、出类拔萃，便很想与之见上一面。然而两人终于相见之时，或许是黄庭坚其貌不扬，富弼并不欣赏他，便不欢而散。而待回去之后，富弼对旁人论及此事时，将黄庭坚比作“分宁一茶客”，心中颇有些看不起他。宰相一言，必然传至千里。于是，“分宁茶客”的称号便自此安在了黄庭坚身上。

然而世事难料，富弼大概怎么也无法想到自己的这一句诋毁之言，传至后世会演变成对黄庭坚的另一种赞誉。姑且不论其以茶代酒二十年成为一段佳话，被欧阳修赞为“草茶第一”的双井茶也是因黄庭坚而盛极一时。正是因为黄庭坚的极力推荐，双井茶才逐渐受到世人重视，最终还成为贡茶，被奉为极品。

不仅如此，黄庭坚还痴于吟诗颂茶。《双井茶送子瞻》促使双井茶一举闻名，

《品令·茶词》刻画了饮茶时的欢悦心情，《煎茶赋》细致描述了烹茶细节……而从其流传下来的茶作品来看，黄庭坚不仅仅是寄情于茶，还对茶的最高境界有着追求，是当之无愧的“茶客”。

三、苏轼题茶

苏轼，字子瞻，又字和仲，号东坡居士，北宋著名文学家，与黄庭坚并称“苏黄”，与辛弃疾并称“苏辛”，“唐宋八大家”之一，是宋代文学最高成就的代表。事实上，论及宋代文人与茶，就不得不提苏轼。苏轼一生爱茶，不仅具有高超的茶艺，还对茶文化拥有精深独到的见解；不仅作了大量的咏茶诗词，流传下许多佳句，还在所到之处留下了数不胜数的关于茶的佳话，为后人津津乐道。

熙宁四年，苏轼任杭州通判，为官三年中，他经常微服出游。一日，他来到一寺庙游玩。该寺庙住持不知苏轼底细，随意地接待道“坐”，并随口对小和尚道“茶”。而小和尚也就上了一碗很普通的茶。

待住持和苏轼寒暄一番，觉得其谈吐不凡，非等闲之辈后，住持立马改口“请坐”，并叫小和尚“敬茶”。而小和尚也立马换上了一碗好茶。

而到了最后，住持发现此人乃大名鼎鼎的杭州通判苏轼后，就连忙起身恭请“请上座”，并叫小和尚“敬香茶”。

这一切，苏轼都看在眼里。待临别之时，住持请求苏轼留字纪念，苏轼爽快答应之余，挥笔题了一对茶联。上联：坐，请坐，请上座。下联：茶，敬茶，敬香茶。

此茶联一出，住持羞愧不已。茶本敬客之道，应尽显主人友好、大方之谊，不该有高低贵贱之分。住持却势利地将客人分为三六九等。而苏轼题此联，也并非单纯的讽刺之意，更意于点醒住持，勿忘茶道之理。

四、李清照说茶令

茶文化在发展过程中，有过许多风韵雅事，茶令就是其中极为重要的一笔。随着时代的变迁，茶令不但没有褪色，反而愈发受世人追崇，可以说也是茶文化史上的一个奇迹。而这些都不得不感谢茶令的首创者李清照。

李清照，号易安居士，南宋著名女词人，婉约词派代表，被称为“千古第一才女”。宋徽宗建中元年，李清照与赵明诚结为伉俪。婚后两人琴瑟和鸣，相濡以沫。赵明诚是著名的金石学家，一直致力于编著《金石录》。李清照相伴其左右，用自己的聪明才智帮助丈夫。两人合力搜集了大量的金石文物和图书，诗词唱和，生活美满幸福。就在这样的生活当中，李清照首创了别出心裁、妙趣横生的茶令。

据李清照为《金石录》写的后序记载："每获一书，即同共勘校，整集签题。得书、画、彝、鼎，亦摩玩舒卷，指摘疵病，夜尽一烛为率。故能纸札精致，字画完整，冠诸收书家。余性偶强记，每饭罢，坐归来堂烹茶，指堆积书史，言某事在某书、某卷、第几页、第几行，以中否角胜负，为饮茶先后。中即举杯大笑，至茶倾覆怀中，反不得饮而起。"[①] 李清照仗着自己的好记性，便要与丈夫发起说茶令，规则定为：要对方说出某典故在哪本书、哪卷、第几页、第几行，能说出者为胜，便可饮茶。李清照常常是获胜者，有一次胜后大喜，打翻了茶水，不仅没有品饮到，其衣裙还濡湿了一片。

饮茶行令，别有一番趣味。在这样一种氛围当中，赵明诚终于完成《金石录》，名垂千古。然而世事多变，靖康元年，因金军南下，夫妇二人被迫背井离乡。建炎三年，赵明诚病故，李清照孤身漂泊，晚年凄凉。李清照一生的境遇令人感慨。但无论如何，其首创的茶令流传千古，极大地丰富了茶文化。

五、司马光与苏东坡以茶斗智

司马光和苏东坡是中国历史上的大文豪、大学者，也都是大茶人。宋朝时，文人雅士热衷于斗茶活动。至今还流传着一个司马光与苏东坡斗茶斗智的有趣故事。

据传某一天，司马光邀请了十余人，齐聚一堂，以茶会友，进行了一场别开生面的斗茶大赛。每位宾客都带来了他们珍藏的顶级茶叶与精美茶具，准备在这场茶会上各显身手。众人先观摩了各自茶叶的样品，再细嗅其香，最后品尝茶味。在当时的社会风尚中，白茶被视为茶中极品。司马光与苏东坡所带来的都是珍贵的白茶，两人的茶叶在评比中均名列前茅。然而，苏东坡泡茶所使用的是上等的雪水，这使得他的白茶味道更为纯净，因此在斗茶中稍占上风。苏东坡因此满心欢喜，不经意间流露出得意的神情。司马光见状，心有不甘，于是心生一计，打算给苏东坡出个难题，以挫挫他的锐气，于是笑问东坡："茶与墨政相反。茶欲白，墨欲黑；茶欲重，墨欲轻；茶欲新，墨欲陈。如君子小人不同。君何以爱此两物？"苏东坡回答曰："二物之质诚然，然亦有同者。"司马光又曰："谓何？"苏东坡曰：

---

① 崔承运、刘衍主编：《中国散文鉴赏文库 古代卷》，百花文艺出版社2001年版，第873—874页。

“奇茶妙墨皆香，是其德同也。皆坚，是其操同也。譬如贤人君子，妍丑黔皙之不同，其德操韫藏，实无以异。”[①] 众人听了拍手叫绝。

六、蔡襄评辨龙团

蔡襄，字君谟，北宋著名书法家、政治家、茶学专家，与苏轼、黄庭坚和米芾并称为书法“宋四家”，著有《茶录》《荔枝谱》等。作为北宋有名的茶学专家，蔡襄极爱茶且善制茶。当时的大小龙团，始于丁谓，成于蔡襄。蔡襄所制的小龙团，精致无比，堪称当时贡茶中的佳品。

不仅如此，蔡襄还具有一流的鉴茶能力。有一日，蔡叶丞只邀请了蔡襄共品小龙团，却不料又来了一位不速之客，侍从只好端上三杯茶水供饮。然而，蔡襄只啜了一口，便明白这不是小龙团，其中必然掺有大龙团，然后将之告知蔡叶丞。蔡叶丞大惊，便唤来侍从询问。原来，这侍从事先只备了两份小龙团，却又多了一位客人，无奈之下才将现有的大龙团掺在其中，以为可以遮瞒过去。孰料会被蔡襄一“口”识破。

蔡襄的鉴辨能力令人惊叹。而从此也可以看出，蔡襄不愧是宋代的茶学专家，对于茶的特性万分了解，令人信服。

七、王安石明断三峡水

陆羽善鉴水，君谟善鉴茶，却都是凭感觉。然而，在宋朝，还有一人极善鉴水，且鉴水有道，那便是北宋著名的政治家、文学家、思想家王安石。

王安石，字介甫，号半山居士，唐宋八大家之一。王安石也爱茶，对烹茶之水颇有研究。据记载，苏轼被贬黄州之时，王安石曾请其过府做客，为其饯行。临别时，王安石请求苏轼回眉州搬家之时，为他汲一瓮瞿塘峡中之水，因为他年少寒窗之时，曾染一疾，近年来常复发。太医诊断是痰火之症，唯阳羡茶可治。现已有阳羡茶叶，只欠瞿塘峡中峡之水。

苏轼应声而去。在回程时，船经瞿塘峡，适时重阳刚过，两岸美景一片，江水壮观，苏轼早已被吸引，哪还记得友人之托。直到行至下峡，苏轼方才记起，愧疚之余，认为瞿塘峡江水一片，上、中、下峡之水应该并无多大区别，便汲了一瓮下峡之水给王安石。

回去以后，王安石见水大喜，当即命人烧水，取一撮阳羡茶叶投于杯中。谁

---

① 苏轼：《中国古代名家诗文集 苏轼集 卷 4》，黑龙江人民出版社 2005 年版，第 1792 页。

料，水入杯中，茶色半晌方现。王安石观茶汤，心下明白，便知晓这并不是中峡之水，便向苏轼询问。苏轼大惊，立马赔礼谢罪并请教缘由。王安石则解释上下中峡水的不同特点，上峡之水太急，下峡之水太缓，唯中峡之水缓急相半。他的病唯阳羡茶可医，但用上峡水泡太浓，下峡水泡太淡，唯中峡水泡浓淡适宜。而泡茶之时，茶色半晌方出，他便知晓苏轼所汲之水为下峡之水。

王安石这一鉴水之能，相比陆羽、蔡襄而言，可谓大有其道，令人心服口服。由此也可以看出，王安石确为“鉴水大神”，值得赞叹。

第六节 宋代茶俗

在宋代，茶饮之风极为盛行，无论是皇宫官府的盛大宴席，还是亲友间的温馨聚会，抑或是各种社交场合，甚至人生重要仪式，都离不开茶的身影。茶已演变为人们日常生活中不可或缺的一部分。如果说唐代茶道盛行所带来的最大贡献在于塑造了一种以品茗为核心的饮茶艺术，那么宋代茶风大兴的最大成果则是成功地将这种高雅的艺术融入了人们的日常生活，使其成为生活的必需品。

吴自牧《梦粱录》说：“人家每日不可阙者，柴、米、油、盐、酱、醋、茶。”[①] 这说的是南宋京城临安的情形，也就是后来常说的俗语“开门七件事”，即使贫贱人家，也是一件也少不得的。

在两宋时期，茶馆文化迅速兴起并繁荣。无论是京都汴梁还是临安，大街小巷中茶馆遍布，甚至在偏远的乡村小镇也可见茶馆身影，人们常称之为茶坊、茶肆、茶房、茶屋或茗坊等。张择端的杰作《清明上河图》精细且广泛地描绘了当时社会的多元现象与民俗风情，画中茶坊里市民们熙熙攘攘的场景尤为引人注目。孟元老的《东京梦华录》也详细记录了开封茶坊的繁荣景象，充分展现了宋代人民对茶饮的深厚情感。

宋朝建立之初，宫廷内便兴起了饮茶的风尚，其中宋太祖赵匡胤便对饮茶情有独钟。在宋代，宫廷上下对茶的热爱可谓深厚，即便是皇帝也对此情有独钟。特别是宋徽宗，他在茶艺方面有着深刻的造诣，撰写了《大观茶论》一书。与唐代相比，该书所述的宋代茶学与茶道更显精深与独到。

宋代的贡茶制作工艺达到了前所未有的精湛水平。北苑，这个专为宫廷制造御用茶的地方，成了官员们争相献媚的舞台。他们不断推陈出新，在制茶技艺上

① 吴自牧：《梦粱录 下》，中国商业出版社 2023 年版，第 168 页。

别出心裁，力求独树一帜。宋太平兴国二年，为了与民用茶作出区分，北苑开创性地使用龙凤模具制作出了精美的龙凤团茶。到了庆历年间，蔡襄进一步创新，推出了更为精巧的小龙凤团茶，其精美程度超越了原先的龙凤团茶。随着时间的推移，北苑制茶技艺日益精进，神宗年间更是奉旨制造出了品质卓越的密云龙茶。到了哲宗元祐末年，北苑制作瑞云翔龙茶，其形状虽小却品质上乘，每年产量极为有限，仅有几片到十几片。到了宣和年间，转运使郑可简费尽心思，研制出龙园腾雪茶，茶叶上仿佛有小龙蜿蜒，品质在所有茶叶中首屈一指。与之前加工贡茶时添加龙脑等香料不同，龙园腾雪更注重保留茶叶的原香，因此不再添加任何香料。这些优质的贡茶价格昂贵，甚至超过了黄金，最高品质的茶叶每銙甚至可达四万钱，由此可见古代帝王的奢华生活。

宋代茶文化呈现出两极化的发展趋势。一方面，宫廷茶文化体现了极度的奢华与精致；另一方面，民间饮茶则更加注重普及与简易。而处于这两极之间的文人，在饮茶上追求的是风雅与自然。他们不仅重视茶叶的品质，还在意饮茶时的心境，既讲究技巧，也注重情趣。

宋代许多著名文人，都有着饮茶的爱好，欧阳修一生爱茶，至老未衰，在历经人世几多浮沉后，更加珍爱饮茶的美好心境。大文豪苏东坡可谓是茶仙，他精于品茶、煮茶、种茶，写了许多出色的咏茶诗词。

宋代茶文化的盛行，还体现在饮茶功能的广泛性上。无论是朋友间在精致雅室中的聚会畅谈，还是官府与平民的社交应酬，抑或是婚丧嫁娶等重要场合的礼仪祭拜，都离不开茶的陪伴。茶的清香弥漫在社会的每个角落，成为人们生活中不可或缺的一部分。

宋代饮茶风气的盛行，其显著标志在于茶俗已深植于民间生活的方方面面，茶叶被广泛应用于婚丧嫁娶等各类礼仪场合。茶，在民间扮演着友谊的桥梁的角色，有效地促进了亲朋好友与邻里之间的深厚情谊。

茶在嫁娶礼俗中起着重要作用，宋代吴自牧《梦粱录》谈到下聘礼节时说道：“丰富之家，以珠翠、首饰、金器、销金裙褶，及缎匹茶饼，加以双羊牵送。”[①] 茶叶能与金银珠宝等珍贵物品相提并论，是一种极具价值的礼品。在宋代，茶仪已经被纳入贵族婚礼之中。当时，宋代诸王迎娶妃子时，纳彩礼被称为“敲门”，其中除羊、酒、彩帛等常规礼品外，茶叶也是必不可少的。

陆游在《老学庵笔记》中记载了湘西的青年男女以茶表达爱情的风俗：“辰、

① 吴自牧：《梦粱录 下》，中国商业出版社 2023 年版，第 253—254 页。

沅、靖各州之蛮，男女未嫁娶时，相聚踏歌，歌曰：‘小娘子，叶底花，无事出来吃盏茶。’”[①] 在中原文化的视角下，这片边远地区的青年男女的行为似乎稍显轻佻，然而这恰恰体现了他们勇于追求真爱的精神。他们以品茶为借口，邀请心仪之人外出相会。“吃盏茶”由此成为恋爱的代名词，寓意着浪漫与深情。

此外，茶还与丧葬习俗紧密相连。在宋代，人们守丧期间，无论是家人饮茶还是以茶招待客人，都不能使用茶托。这一特殊礼俗在周密的《齐东野语》卷十九中有详细记载。那么，为何会形成这样的礼俗呢？有人推测，这可能与当时茶托的朱红色有关，因为在守丧期间，使用红色器物被认为是不适宜的。据说，这一礼俗不仅平民百姓需要遵守，即便是皇室成员也不能例外。

客来敬茶是我国生活礼俗的一项重要内容，《第三届宋代文学国际研讨会论文集》记载宋代无名氏《南窗纪谈》中有这样一句话：“客至则设茶，欲去则设汤，不知起于何时，然上自官府，下至闾里，莫之或废。”[②] 虽然这则记载说此俗“不知起于何时”，然而，客来敬茶这一礼俗至少在宋代已经广泛流传。敬茶不仅是对客人的尊重，更是联络感情的重要媒介，在当时已经非常盛行。到了明代，客来敬茶已经成为社会生活中不可或缺的礼节。这一习俗不仅在国内流传，而且还对周边国家产生了深远影响，日本、蒙古、朝鲜、越南等国也养成了客来敬茶的习惯。

宋代平民借茶来互相请托，互致问候。吴自牧《梦粱录》载：“巷陌街坊，自有提茶瓶沿门点茶。或朔望日，如遇吉凶二事，点送邻里茶水，倩其往来传语。”[③] 可见，杭州每月初一或十五，街坊邻居挨家挨户互相“点茶”，是人们联络感情的方式。

当然，茶俗中也并非全然都是正面积极的习俗。例如，有些在官府中担任杂役的人，会摆出一副高高在上的姿态，提着茶瓶走进商铺，邀请店主共饮茶水。然而，这种上门送茶的行为实则是一种变相的敲诈与勒索。无论店主是否饮用他们提供的茶水，这些杂役都会厚颜无耻地索取“赏钱”或其他财物。当时的人们称这种行为为“龌茶”。当时，在杭州等地，一些和尚和道士也效仿这种行为，先挨家挨户地送去茶水，然后向人们乞求施舍，以此拉拢“赞助”。

① 陆游：《老学庵笔记》，杨立英校注，三秦出版社 2003 年版，第 125 页。
② 张廷杰编：《第三届宋代文学国际研讨会论文集》，宁夏人民出版社 2005 年版，第 356 页。
③ 吴自牧：《梦粱录 下》，中国商业出版社 2023 年版，第 147—148 页。

第七节 宋代茶文化的对外传播

一、宋代茶文化对外传播路线

文化的传播与交流往往不是孤立进行的，而是与经济来往、政治交流伴生的。宋代茶文化的对外传播也是如此。两宋时期，一方面通过对外贸易，即经贸领域的合作来传播茶以及茶文化，另一方面通过宋朝与周边国家和地区的政治、文化的交流和往来传播茶文化。从地理版图上看，宋代茶文化对外传播主要有两条通道：一是向北、西和西南方向的陆路通道；一条是向东、南和东南方向的海上通道。

（一）陆上通道

1. 蜀道

宋朝时期，茶马交易较唐代更为兴盛和繁荣。由于中国西南地区尤其是四川是茶马贸易的主要茶源地，蜀道就成了茶传播的主要运输渠道。也正是通过蜀道，宋茶文化传到了西北边疆，进而传播到了更远的中亚、西亚，甚至对更远的欧洲也产生了一定的影响。在茶文化走向世界的浩荡历史进程中，千里蜀道连接起南丝绸之路与北丝绸之路，是传播茶文化的关键环节。从这个意义上来说，蜀道茶马古道就是陆上丝绸之路。

2. 运河

通过运河漕运，宋代茶叶贸易形成了市场层次更分明，市场容量更大的茶叶产销体系。通过这个体系，联通周边国家和地区的茶叶传播渠道形成了。产区初级市场上交易的茶，通过强大的中转集散市场，实现了更大范围的集散。东南市场上的茶主要输往北方，在汴京销售，此外，还大量销往京东、河北、河东及辽国。宋代茶叶市场不仅在宋王朝统治的中原地区形成了层次分明的市场网络，还已经扩展到西夏、辽、吐蕃、西域等地区，这些地区的少数民族，把茶叶传播到了更远的中亚等地。

3. 沿边榷场

宋朝在与辽、夏、金的接壤地区设置了一些榷场，以便于双方进行正常的茶马互市及其他贸易，这些榷场是宋茶及其文化传播的主要场所。宋初，太平兴国二年至太平兴国四年，北宋在镇州、易州、雄州等地设置榷场，在太祖时，契丹虽然在边界设市交易，但没有设立掌管市易的官署。太平兴国二年，规定在宋境的镇、易、雄、霸、沧州设置榷场与辽交易，以后时禁时开。宋真宗景德四年，北宋在保安军置榷场，与夏恢复互市。但由于宋夏之间战争频发以及宋对夏政策的不稳定，宋夏之间的贸易市场规模较小，交易量少。在通南北之货的商业发展的趋势下，南宋于1135年在濠州、泗州、庐州、楚州、寿春府等处置市易务，以通商货，茶在宋金贸易中所占比例很大。

（二）海上通道

由于西南、西北及北部边疆地区的政治不稳定，加之财政亟需填补，宋代不得不高度重视海外贸易。两宋时期的海上丝绸之路开始繁荣起来，并且远远超过前代。宋代的主要航线有四条。

一是日本航线。两宋时期对日航线都是从明州出发经过东海，大约七天到达日本。南宋时期，日本的平氏家族当权后，直接控制了掌管对外贸易的大宰府，加强了与宋的双边海上贸易，改变了北宋时期华船独往的局面，使宋朝和日本之间的海上贸易更为兴盛。南宋时期，日本名僧荣西曾于公元1168年、公元1187年两次来到中国，在把禅宗文化传到日本的同时，也把茶种以及宋茶文化带回了日本。

二是高丽航线。我国的宋朝时期正是朝鲜半岛的高丽时期，去往高丽主要有北线和南线两条航线。北线是从莱州出发，横渡黄海到朝鲜半岛西南海岸，航程需要两天时间。南线是从明州出发，经15天左右到达朝鲜西岸礼成江碧澜亭。宋和高丽两国来往较为频繁，据统计，宋代高丽遣宋使57次，宋使往高丽30次。官方交流的频繁也带动了民间贸易的兴盛。而茶是其中重要的商品之一。此外，两宋时期，很多高丽僧人到中国留学求法，茶以及宋茶文化也随之传播到了朝鲜半岛。

三是南亚航线。宋代在广州、泉州、杭州等地设立市舶司征榷贸易，广州、泉州通南洋。据《宋史本纪》记载，赵灵淳化三年，东南亚地区遣使来华，与宋进行贸易。中国主要输出丝织品、茶叶和瓷器等。当时的福建茶叶已大量销往海外，南安莲花峰名茶更是向南亚出口的重要物资。

四是西洋航线。北宋中期西夏崛起于宁夏，控制了河西走廊。北宋出于国家安全考虑，不仅严格控制与夏的双边贸易，而且对朝贡也严格控制。除朝廷特别恩准之外，西北边疆少数民族的朝贡只能自广州路入贡，不得于西蕃出入。因此，宋代和西方各国通商往来也只能通过海路通道了。据《岭外代答》和《诸蕃志》等书记载，亚非航路沿线的 50 多个国家和地区与宋都有贸易往来。由此可见，宋代航船已横渡印度洋，开辟并沟通了从中国直达红海和东非的西洋航线。

二、宋代茶文化对其他地区的影响

（一）茶文化对以游牧为主的国家和地区的影响

自宋代开始，文化意义上的饮茶活动才扩展并传播到周边以畜牧为主的国家和地区。宋朝的朝廷茶仪就是通过使者传入北方国家的。在辽朝朝仪中，“行茶”是重要内容。与宋朝茶仪不同的是，辽朝是未进酒食而先行茶。宋朝饮茶礼仪和风俗也传播到金国，影响到了女真人，女真人又影响党夏人。女真人婚礼中极重茶，当男方请客到来时，女方合族稳坐炕上接受男方的大参礼拜，称为“下茶礼”，这或许是由宋朝诸王纳妃所行“敲门礼”的送茶演变而来。

此外，宋茶文化以这些边疆国家和地区为中介地向更远的西亚、北亚、东北亚传播，并产生了一定的影响。

（二）茶文化对日本的影响

宋代茶文化对日本影响主要体现在以下几点。一是促成了日本第一部茶书——《吃茶养身记》的诞生。此书的作者荣西是日本的禅宗之祖，也被称为日本的“茶祖”。南宋时期，荣西曾两次到中国学禅求法，彼时的南宋茶文化本就禅茶一体，因此，荣西学禅求法的同时还研究总结了宋茶的功效及其文化，并写成《吃茶养身记》一书。在此书中，他详细记叙了宋末茶法。此书的问世和传播为 300 年后日本茶道的形成奠定了基础。二是民间逐渐普及饮茶之风。在镰仓时代，日本的饮茶活动以寺院为中心，随着寺院饮茶活动的推广和兴盛，饮茶活动和茶文化逐渐由寺院普及民间。三是形成斗茶。受宋代斗茶习俗的影响，镰仓末期，日本上层武士阶层中兴起了斗茶。与宋时斗茶相比，日本室町时期的斗茶更有游艺性，模仿宋人饮茶，成为日本人的一件风雅之事。除模仿宋人进行娱乐外，室町时期日本的斗茶还含有推动、宣传日本种茶、制茶技艺的效果，日本茶文化由完全模仿中国，向自主创新的方向发展。

（三）茶文化对高丽时期朝鲜的影响

高丽时期，宋代茶叶、茶具甚至饮茶习俗随着两国贸易和文化往来不断传入朝鲜，促进了朝鲜茶文化的发展，推动了以茶礼为中心的特色茶文化的形成。高丽时期，朝鲜已把茶礼贯穿于朝廷、官府、僧俗等各个社会阶层。点茶法、茶器的使用一如中国，只是较宋代更为简易。高丽时期，儒家主张的茶礼茶规开始在民众中流行。民间的冠婚丧祭皆用茶礼。总之，高丽时期，朝鲜全面学习了中国宋茶文化的内容，他们的学习并非照抄照搬，而是重点吸取茶礼、茶规文化。

（四）茶文化对南亚诸国的影响

南亚诸国饮茶习俗大体与我国南方相类，其茶文化思想大都是从中国直接移植的。此外，由宋代海上茶贸易引发的南亚诸国饮茶风俗的兴起，具有十分重要的意义。这些国家饮茶之风的兴起代表着中国茶文化的延伸，这些国家成了中国茶由海上通往亚非欧国家的中介地。如果没有这些地区，中国茶走向世界是极为困难的。

第六章　明清：茶文化普及期

唐宋时传统的茶学、茶业乃至茶文化，因为经过了宋元时期的社会动乱，发生了很大的改变，因此，明清时期的茶文化呈现出一种新的特征。

在宋元时期，虽然贡茶仍然以团饼茶为主，但散茶在民间已经得到了广泛的普及。到了明朝前期，贡茶还是选用福建的团饼茶。后来，明太祖朱元璋认为进贡团饼茶过于劳民伤财，于是下定决心进行改革，下令停止制造龙团茶，而改为进贡芽茶。明太祖的这一诏令，在客观上对打破传统束缚、推动芽茶和叶茶的繁荣发展起到了重要的推动作用。

相关资料显示，明清时期在继承前人传统的基础上，开发出了许多新的茶叶种植技术。除直接播种的方法外，还采用了育苗移栽的技术。至康熙年间，茶树插枝繁殖技术开始出现。此外，在清代的闽北地区，对于一些珍贵且优质的茶树品种，还会采用压条繁殖的方法。

在茶园管理方面，明清时期对于耕作施肥和种植需求的管理变得更加精细，尤其在控制杂草生长和茶园间作方面展现出了独特的智慧。同时，明清两代在了解茶树生物学特性以及茶叶采摘技巧方面也有了显著的进步。随着工艺技能的不断提升，各地名茶的发展也日新月异，种类愈发繁多。在宋代，著名的散茶寥寥无几，文献中仅提及双井、顾渚等少数几种。然而到了明代，以黄一正的《事物绀珠》一书为例，其中编录的“今茶名”竟高达97种，而且绝大多数都是散茶。

在散茶和叶茶蓬勃发展的同时，其他茶类也取得了全面的进步，包括黑茶、花茶、青茶以及红茶等多种茶类。青茶，即大家熟知的乌龙茶，是明清时期福建地区首创的一种半发酵茶。红茶的起源时间与青茶相当，具体已无从考证。从现有的文献资料来看，红茶的名称最早出现在明代中叶的《多能鄙事》一书中。进入清代以后，随着茶叶对外贸易的不断发展，红茶从福建迅速传播到江西、安徽、湖北和四川等省份。在福建地区，更是涌现出了诸如白毫、紫毫、选芽、漳芽、兰香和幽香等众多知名品种。

在明清时期，品茶方式经历了显著的更新与发展，其中最为突出的是对饮茶艺术性的不懈追求。明代兴起的瀹饮法，正是基于散茶的广泛流行而诞生的。散茶不仅易于冲泡，饮用便捷，而且其芽叶完整，极大地提升了品茶时的视觉享受。明代人在品茶过程中，已经开始有意识地追求一种与环境融合的美学。这种艺术性不仅体现在对茶叶本身的品味上，还延伸至对饮茶环境的精心选择上。在宁静的山林、简朴的茅屋中，伴随着清澈的溪流声和松涛声，远离尘世的喧嚣与嘈杂，这样才能真正沉浸在品茶的艺术境界中。

明清之际，尤其是清代，中国的茶馆作为平民化的饮茶场所迅速兴起，如同雨后春笋般蓬勃发展。实际上，清代可以被视为我国茶馆文化的鼎盛时期。在这个时期，茶馆的经营模式和功能特色呈现出多样化的特点。有些茶馆不仅提供茶水，还兼卖点心和饮食，满足了顾客的口腹之欲。还有一些茶馆则融合了听书的功能，让人们在享受茶香的同时，也能欣赏到精彩的表演。此外，茶馆有时还被用作赌博场所，特别是在江南的集镇上，这种现象尤为普遍。茶馆在某些情况下还扮演着纠纷裁判的角色。当邻里乡亲发生纠纷时，双方往往会邀请主持公道的长者或中立人士到茶馆进行评理，以期寻得圆满的解决方案，这种方式被称为“吃讲茶”。

茶馆盛行也充分说明茶已经“飞入寻常百姓家”，成为普通居民喜爱认可的饮品了。明清时期是封建社会的顶峰，茶在其中占有重要的地位，茶文化的发展同整个社会的发展都有着联系，从其中，可以了解当时的生活习惯、民风民俗。茶一直伴着中国人的生活，从未缺席。

本章主要讲述明清时期的茶文化，从六个方面展开研究，分别是明清时期的茶艺、明清时期茶艺特点、明清茶与文学、明清茶与文人、明清茶俗和明清茶文化的对外传播。

第一节 明清时期的茶艺

中国茶艺在经过了煎茶茶艺和点茶茶艺之后，在明清时期出现了新的饮茶艺术——泡茶茶艺。

一、泡茶备器

泡茶茶艺的主要器具有茶炉、汤壶（茶铫）、茶壶、茶盏（杯）、茶盘、茶则、茶夹、茶漏、品茶杯等。

二、泡茶选水

明代田艺蘅撰写的《煮泉小品》和徐献忠所著的《水品》，都是专门探讨水的著作。在明清时期的茶书中，也可以看到关于择水、贮水、品泉、养水等内容，显示出这一时期茶人对水的极高要求。

三、泡茶取火

张源《茶录》“火候”条载：“烹茶旨要，火候为先。炉火通红，茶瓢始上。扇起要轻疾，轻声稍稍重疾，斯文武之候也。”[①]

四、泡茶候汤

《茶录》“汤辨”条载：“汤有三大辨十五小辨。一曰形辨，二曰声辨，三曰气辨。形为内辨，声为外辨，气为捷辨。如虾眼、蟹眼、鱼眼连珠，皆为萌汤，直至不涌沸如腾波鼓浪，水气全消，方是纯熟；如初声、转声、振声、骤声，皆为萌汤，直至无声，方是纯熟；如气浮一缕、二缕、三四缕，及缕乱不分，氤氲

① 郭孟良：《中国茶典》，山西古籍出版社 2004 年版，第 132 页。

乱绕，皆是萌汤，直至气直冲贵，方是纯熟。”又“汤用老嫩”条载：“今时制茶，不暇罗磨，全具元体。此汤须纯熟，元神始发也。”①

五、习茶

（一）撮泡法茶艺

撮泡法茶艺包括备器、择水、取火、候汤、洁盏（杯）、投茶、冲注和品啜等步骤。大体而言，将茶叶直接置入杯盏后，注入沸水即可开始品饮。在明朝时期，常使用无盖的茶盏或茶瓯来泡茶；而到了清代，宫廷和一些地方则开始采用带有盖子和托盘的盖碗进行冲泡，这种方式更有利于保温、端拿和品饮。

（二）壶泡法茶艺

据《茶录》《茶疏》《茶解》等书，壶泡法的一般程序有藏茶、洗茶、浴壶、泡茶（投茶、注汤）、涤盏、酾茶、品茶。

①备具：中置双层大茶盘，上放置茶壶和四只品茗杯。将左侧中茶盘中的茶样罐和箸筒一端放在双层大茶盘的左上方，将茶巾盘端放至其右下方，将赏茶盘放在中茶盘的正中。

②赏茶：双手捧取茶样罐，左手拿罐，右手开盖，用茶匙取样放入赏茶盘中。

③温壶：用左手轻轻开启茶壶盖，右手提起开水壶，将开水直接注入泡茶壶中，注意水量大约占到茶壶总容量的三分之二。然后，把开水壶放回原位。接着，左手把茶壶盖盖好，双手拿起茶巾，将其放在左手手指上。右手的拇指和中指紧握住茶壶的把手，食指轻轻抵住壶盖上的气孔或者钮的基部。此时，左手用茶巾稳稳托住壶底，双手手指部位相对。接下来，双手手腕向相反方向转动，使开水在壶中晃动，从而让整把茶壶的温度保持一致。最后，右手提起茶壶，手腕上提至与手臂形成 90° 角，手心朝向自己，将壶中的开水缓缓倒入品茗杯中（之后倒茶都使用这种手法）。

④置茶：左手轻轻打开茶壶盖，稳稳地将其放置在茶盘上。随后，双手小心翼翼地捧起茶样罐，轻轻摇动后，使用茶匙精心地将罐中粗大的茶叶放置在茶壶水孔的一侧，而将细碎的茶叶摆放在壶把的一侧，这样做的目的是防止细碎的茶叶在冲泡后堵塞茶壶的水孔。投放的茶样量大约占据茶壶容量的一半，但具体量还需根据茶叶的紧结程度来调整。如果茶叶紧结度高，可以适当减少投放量；反

① 郭孟良：《中国茶典》，山西古籍出版社 2004 年版，第 132 页。

之，如果茶叶较为松散，则可以稍微多放一些。若茶叶碎裂较多，也应减少投放量。若选择使用茶荷来放置茶样，那么需先将茶叶倒入茶荷中，再利用茶匙将茶叶按照粗细程度分开，最后分别有序地倒入茶壶中。

⑤第一泡：右手提开水壶，沿壶口回转冲入开水至壶口沿，左手持盖由外至内撇去壶口泡沫，加盖；右手提开水壶向茶壶盖上洒水，称为“淋壶”，目的是进一步提高壶温，顷刻可见茶壶冒热气，壶外壁迅速干燥。“淋壶”后的静置时间比温润泡过的要长 12—20 秒钟，视茶的紧结程度而定，愈紧结的茶静置时间愈长。

⑥温杯：品茗杯要依次清洗，第一只茶杯中盛有开水，用右手的拇指和中指拿取第一只茶杯，拇指靠杯沿，中指扣入杯底圈内，将茶杯侧拿起，将水倒入第二只杯中，并用食指推此杯侧壁，中指向内由外旋转杯底圈，拇指挡住杯口沿，靠三只手指的不同方向用力，将杯子在第二只杯内旋转一周，清洗后倒干水放回原处，随后一一温杯。

⑦分茶：右手拇指和中指握壶把，食指抵住盖上气孔或钮基侧部，端起茶壶在茶船上按逆时针方向荡一圈，其目的是刮去壶底的水，俗称“游山玩水”；再端起茶壶置于茶巾上按一下，使壶底水分被充分吸干，用巡回倒茶法分茶，目的是使每杯茶汤浓度均匀，最后用滴入法以最浓的几滴茶汤调整各杯茶汤浓度。

⑧奉茶：将茶杯端起，在茶巾上按一下，吸干杯底水分，再置于茶托上，端起茶托放入左侧的中茶盘中。

⑨第二泡：左手掀开壶盖置于茶盘上，右手提开水壶回转冲入开水至壶沿，左手加盖，淋壶，静置时间同第一泡。

⑩分茶：主泡将茶壶沿茶船荡一圈后平提起，放在茶巾上按一下以吸干壶底水分，放在左侧的中茶盘中，并将茶巾盘放入中茶盘，由助泡端茶盘至宾客处一一分茶。但因不用盅，各种茶汤的浓度不太均匀。

⑪ 第三泡、分茶、品尝：冲泡时间为 1 分 40 秒钟，余同上。

（三）工夫茶茶艺

工夫茶，这一独特的茶艺形式，起源于清代，并在广东、福建以及台湾地区广泛流行。它采用的是小茶壶来冲泡青茶，也就是人们常说的乌龙茶。冲泡工夫茶的主要步骤包括治壶、投茶、出浴、淋壶、烫杯、酾茶和品茶等。这些步骤又可以进一步细化为孟臣沐霖、马龙入宫、悬壶高中、春风拂面、重洗仙颜、若琛出浴、游山玩水、关公巡城、韩信点兵、鉴赏三色、喜闻幽香、品啜甘露以及领悟神韵。每一个步骤都蕴含着深厚的文化底蕴和精妙的茶艺技巧，让人在品茶的同时，也能领略到中国传统文化的博大精深。

①备具：在茶盘上整齐地摆放好茶壶、公道杯、品茗杯和闻香杯，茶道组合和茶样罐则放置在茶盘的左侧，而烧水壶则稳稳地放在茶盘的右侧，方便随时取用。

②赏茶：打开茶样罐，让来客欣赏茶叶的色和形。

③烫杯热罐：将开水倒入水壶中，然后将水倒入公道杯，接着倒入品茗杯中。

④投茶：按 1 ∶ 18 的比例把茶放入壶中。

⑤洗茶：右手提起茶壶缓缓加水，左手则拿起壶盖轻轻刮去表面的泡沫，并顺势将壶盖盖好。随后，将泡好的茶水缓缓倒入闻香杯中，准备品鉴其香。

⑥第一泡：将煮沸的开水缓缓注入茶壶中，让茶叶浸泡 1 分钟。在此期间，可以趁机清洗茶杯。之后将清洗用水倒掉，右手执壶，将泡好的茶水倒入公道杯中，再从公道杯中将茶水精确地斟入闻香杯，注意只倒七分满，以保留足够的空间供茶香散发。

⑦鲤鱼跳龙门：右手轻轻地将品茗杯翻转，然后盖在闻香杯之上。接着，将右手大拇指置于品茗杯的杯底，食指则放在闻香杯的杯底，协同用力，将两个杯子一起翻转一圈。

⑧游山玩水：左手扶住品茗杯杯底，右手将闻香杯从品茗杯中提起，并沿杯口转一圈。

⑨喜闻幽香：左手掌心向上，轻轻托起闻香杯，然后将其杯口朝下放置。接着，将闻香杯顺时针旋转 90° ，使杯口正对着自己。此时，用大拇指轻轻捂住杯口，将闻香杯移至鼻子下方，深吸一口气，细细品味其中的幽香。

⑩品啜甘茗：三个口即为品，故茶要分三口喝，以仔细品尝，探知茶中甘味。

⑪ 第二泡、第三泡：操作同上。

第二节 明清时期茶艺特点

在中国古代茶文化的发展史上，明清时期是一个重要阶段，这一时期茶叶的生产量和消费量逐渐扩大，饮茶技艺的水平逐步提升，呈现多样化的发展态势，散发着令人陶醉的文化魅力。大小城市茶馆、茶楼的兴起，使得茶文化更加深入普罗大众的生活之中，茶文化不仅在皇宫贵胄、宗教人士、文人、士大夫等群体中传承发展，而且深深扎根于广大人民群众的精神世界中，独特且多样的“茶民俗”也开始在各个地区和不同民族中流传。

明清时期的茶人延续了唐宋时期茶人通过饮茶修养身心的传统。泡茶法起源于中唐前后，南宋末至明初的茶人泡茶时常使用末茶。明初之后的人们开始使用叶茶泡茶，这种用叶茶泡茶的方法一直流行至今。

到了 16 世纪末，明后文人张源著《茶录》，该书囊括藏茶、火候、汤辨、泡法、投茶、饮茶、品泉、贮水、茶具、茶道等篇；许次纾著《茶疏》，其中有择水、贮水、舀水、煮水器、火候、烹点、汤候、瓯注、荡涤、饮啜、论客、茶所、洗茶、饮时、宜辍、不宜用、不宜近、良友、出游、权宜、宜节等篇。

《茶录》和《茶疏》对于推动茶艺的进步起到了重要的作用。17 世纪初，程用宾撰《茶录》，罗廪撰《茶解》。17 世纪中期，冯可宾撰《岕茶笺》。17 世纪后期，清人冒襄撰《岕茶汇抄》。在茶文化的普及期，这些茶书为推广饮茶艺术做出了重要贡献，饮茶艺术由此变得更加丰富和全面。

在明清时期出现了蒸青、炒青、烘青等不同种类的茶叶，茶的饮用方式由泡茶法变为了“撮泡法”，许多明代文人都有留下与茶有关的艺术作品，如唐伯虎的《品茶图》，文徵明的《惠山茶会图》等。这里不得不提一提元代，虽然元代由于历史的短暂与局限，没能呈现文化的辉煌，但在茶学和茶文化上仍然继承了唐宋以来的优秀传统，并有所发展和创新。元代已开始出现散茶。饼茶主要为皇室宫廷所用，民间则以散茶为主。由于散茶的普及流行，茶叶的加工制作过程中开始出现炒青技术，此外，花茶的加工制作也形成了完整系统。汉蒙饮食文化交流之下，还形成了具有蒙古特色的饮茶方式，即用沸水直接冲泡茶叶。

一、明代茶艺特点

（一）叶茶法的确立

中国是茶叶的发源地，也是最早开始饮茶的国家。中国地域辽阔，人口众多，各个民族在不同的时期和地区发明了多种饮茶的方式：有的直接采摘茶叶后咀嚼，有的采摘鲜叶煮熟后饮用，有的晒干鲜叶以便保存，还有的蒸熟捣碎成小饼再烘烤磨碎后饮用。不同民族因为气候、风俗等的不同拥有不同的饮茶方法，在此不一一列举。各种饮茶方法虽然互不相同，但也存在着一定的共通之处。自唐代陆羽著《茶经》起到宋代，人们在饮用茶时通常会先捣碎茶饼，然后煮或冲泡，这便是俗称的末茶之法，也是日本茶道文化的起源。发展到明代时期，中国茶文化经历了重大转变，传统、精致的末茶之法逐渐被放弃，叶茶开始广受欢迎，茶文化由此走向叶茶时代。

叶茶法是指饮茶用茶叶不再经过研磨加工成茶饼，而是在经过做青后直接保存、取用。受到宋元时期饮茶方法的影响，明初时期的人们饮茶多先将茶叶碾碎并加入茶杯，采用点茶法饮用。后续才出现了将茶叶直接放入茶壶或茶碗中冲泡的饮茶法，这种饮茶方式与现代类似。

饮茶法的变化受到了各种因素直接或间接的影响。直接的原因在于朱元璋于1391年发布了一项法令，勒令百姓不再制作龙团，只允许进献采摘的茶芽。这项法令废除了传统的团茶制度，并以叶茶制度取而代之。朱元璋颁布的这项诏令不仅确认了叶茶在中国茶道历史中的重要地位，还确立了近代叶茶饮用的方式，为当代茶文化的繁荣打下了基础。

除此之外，社会的进步和经济的繁荣也间接导致了饮茶法的变化。饼茶制茶法一经提出，就有人认为这种制作方法破坏了茶叶的自然特性，而且制作和饮用步骤都相对复杂，制作龙团凤饼尤其费时费力。朱元璋生于贫苦之家，深知民生疾苦，且早已习惯简单的叶茶制法，于是便下令停止制作步骤烦琐的团茶。

此外，明代以前，由于受到游牧民族的影响，茶文化呈现出两种演变的趋势：一是茶的饮用逐渐普及，开始渗透于普通人的生活、文化和家庭礼仪中；二是强调天然，开始保留茶叶的自然气息。因此，叶茶在获得皇帝的推崇后，很快就在文人雅士中流行起来，民间更是极其乐于制作叶茶。在帝王权力的加成下，叶茶简单朴素的饮茶方式大为流行，引领茶文化走向了全新的境界。

根据明史研究专家吴智和先生的观点，叶茶法的推广虽然表面上看起来是茶文化的后退，但实际上是与自然的重新契合，这种回归本真的做法实际上摆脱了传统的局限，使茶文化走上了一条积极的发展之路。

（二）炒青工艺的盛行

茶叶的加工，历来为茶人所重视，明代更是如此。唐宋之际，始造之精体现于团饼的精心制作，到了明代，由于叶茶饮用的推广与普及，炒青便成了始造的精要所在。

茶叶制作过程中的首个步骤通常是“杀青”，杀青的方法有炒、蒸、烘、晾等。明代之前，茶叶的杀青方法主要是蒸制处理，自明代开始，茶叶的杀青则主要采用炒青工艺。那时，浙江、江苏、安徽等地的茶叶都采用炒青制茶。当然，炒青工艺并没有成为唯一的杀青方法，而是与其他杀青方法一同发展，只是地位比起其他的杀青方法更高。举例来说，明代“边销”砖茶和大叶罗界茶等茶叶依然采用蒸青工艺杀青。

关于炒青的工序，明代的很多茶著中或多或少都有涉及，张源《茶录》、许次纾《茶疏》、罗廪《茶解》等书，记载较为全面，有很强的代表性。这里以张源《茶录》为例子讲述当时的炒青工艺。

张源《茶录》是明代中期的作品，文中从待炒的茶叶、锅、火、炒制手法等方面入手，一一进行了详细的说明和规范。张源指出，新鲜采摘的茶叶在准备入锅之前，需要移除老叶、枝梗和碎屑。同时入锅的茶叶不可过多，一斤半重最为合适。炒茶时需要使用直径约 72 厘米的铁锅，务必在铁锅充分加热后再投入茶叶。待温度迅速升高时，对茶叶进行迅速炒制。只有在将茶叶炒熟后，才可退火。接着将茶叶放入筛子内并轻轻揉捻几次，再次放回锅中，用小火烘烤至干燥即可。

张源在控制火候方面有着高超的技巧，认为茶叶“优劣定乎始锅，清浊系乎末火。火烈香清，锅寒神倦。火猛生焦，柴疏失翠”[①] 这是他在实际操作后总结出的经验，广受茶人认可。张源提出，在炒制时要温柔地顺着茶叶的形状轻轻揉捻，这样制作的茶叶口感会更加顺滑和清爽。如果揉捻方向不正确，茶叶可能会变得苦涩。

（三）明代茶具的变革

茶具的问世为唐宋时期的茶文化带来了革命性的改变。唐宋时期，人们制做茶饼再磨碎后饮用，为此搭配了煎茶或点茶的饮茶方法，配置了相应的茶具。明朝时期，条形的散茶开始流行起来，人们开始使用直接用沸水冲泡茶叶的方法来品尝茶水。唐宋时代，用于炙茶、碾茶、煮茶的传统茶具逐渐被人们忽视，一些新式茶具逐渐流行起来。这些茶具自诞生起就未发生太大的变化，只是在外形和材质上有一些微调。

此外，因为明代人喝的是散茶，所以明代保管茶叶和烘焙茶叶的器具相较以往更为流行。在泡茶之前，先用水冲洗茶叶是明代饮茶者特有的习惯。从整个饮茶过程中来看，明代人饮茶需要用到不少茶具，高濂《遵生八笺》中提到了其中的 16 种：商象，即用于煮茶和烧水的古石鼎；归洁，即竹扫帚，用以清洗茶壶；分盈，即杓子，用以量水；递火，即火斗，用以搬火；降红，即铜火著，用以簇火；执权，即茶秤，用来称量茶叶；团风，即竹扇，用以发火；漉尘，即茶洗，用以淋洗茶；静沸，即竹架；注春，即瓦壶，用以注茶汤；运锋，即果刀，用以切果；

---

① 郭孟良:《中国茶典》，山西古籍出版社 2004 年版，第 130 页。

甘钝，即木砧墩，用以搁具；啜香，即瓦瓯，用以品茶；撩云，即竹茶匙，用以取果；纳敬，即竹茶橐，用以放盏；受污，即拭抹布，用以洁瓯。

明代饮茶器具的变化突出体现在两个方面：一是茶盏的变化，二是小茶壶的出现。

不同于前代，明人用盏，以小为佳，尤喜白釉小盏，它直口尖底，呈鸡心形，俗称“鸡心杯”，青花瓷茶盏也较为流行。

相比别的质地的小茶壶，明代人更偏爱紫砂壶。明人对紫砂壶的评价极高，这是因为它同时具备了物质和审美功能，更加符合人们的审美意趣。

二、清代茶艺特点

清代沿承了明朝的政治体制和文化观念。由明代形成的茶文化的又一个历史高峰，在清初一段时间以后继续得到延续发展，其主要特色有以下两个方面。

（一）形成更为讲究的饮茶风尚

清朝统治阶级的祖先本是中国东北地区的游牧民族，饮食结构以肉食为主，进入北京后，更偏爱助消化的茶叶饮料。普洱茶、女儿茶、普洱茶膏等，深受帝王、后妃、贵族们喜爱。这些茶有的用于泡饮，有的用于熬煮奶茶。清代的宫廷茶宴也远多于唐宋。宫廷饮茶的规模和礼俗较前代有所发展，在宫廷礼仪中扮演着重要的角色。

根据史籍记载，清乾隆时期曾于重华宫多次举办“三清茶宴”。“三清茶宴”由清高宗弘历主持创办，自乾隆八年起在重华宫定期举办，也被称为重华宫茶宴。“三清茶宴”通常安排在正月初十至二十之间举行，邀请的客人主要是文臣，如大学士、九卿等。“三清茶宴”在举行之际，每次都要提前择定群臣吟诗作对的主题。宴会所用“三清茶”是乾隆皇帝亲自创设，系采用梅花、佛手、松实入茶，以雪水烹之而成。

嗜茶如命的乾隆皇帝，一生与茶结缘，他品茶鉴水的习惯有许多独到之处，其也是历代帝王中作茶诗最多的一个。有几十首御制茶诗存世，他晚年退位后，还在北海镜清斋内专设“焙茶坞”，悠闲品茶。

（二）盖碗的定型

从茶具形制上讲，除茶壶和茶杯以外，盖碗是清代茶具的一大特色。盖碗的雏形在唐朝就已经出现，一直延续到清朝才定型，小小盖碗穿越数百年才成为今天的模样。

盖碗一般由盖、碗及托三部分组成，象征着“天、地、人”。宇宙天地，被纳于一副小小的盖碗之中，是为“天时地利人和”之寓意，反映了中国人器用之道的哲学观。盖碗的作用之一是防止灰尘落入碗内，起了有效的防尘作用，其二是防烫手，碗下的托可承盏，喝茶时可手托茶盏，避免手被烫伤。清代景德镇窑大量生产带托盖碗，品种有青花、五彩、斗彩、粉彩、单色釉等。

第三节　明清茶与文学

一、明清小说与茶

同唐宋诗词一般，明清朝代文学也结出了累累硕果，那便是满目琳琅的小说著作。而就在这些文学作品当中，茶的身影亦是处处可见。巨作《红楼梦》中的妙玉泡茶，神魔小说《镜花缘》中的美女论茶，短篇小说集《聊斋志异》中道不尽的茶事，这些都是明清茶文化普及的重要体现。

（一）《金瓶梅》中的茶

《金瓶梅》，亦称《金瓶梅词话》，明朝兰陵笑笑生所著，约成书于隆庆至万历年间，位列明代“四大奇书”之首，是我国古典小说的分水岭，也是中国第一部文人独立创作的长篇白话世情章回小说，在中国文学史上具有开拓性意义。内容以《水浒传》中的“武松弑嫂”为大背景，描绘了封建社会中市侩人物代表西门庆及其家庭的罪恶生活，反映了明朝中期的黑暗和腐朽。西门庆兼有官僚、恶霸、富商三种身份，小说的描绘极具代表性和典型性，可以说是刻画了一个真正的明朝世界。

《金瓶梅》是一部反映明代社会百态的长篇写实小说，其中写了百十余种不同职业的人物八百多个，主要人物都有鲜明的个性，他们在书中一经亮相，举手投足，音容笑貌，都是活脱脱的，十分独特，作者常常将笔下的人物放到饮食环境中进行描写，在一些茶事活动中把人物的性格突显出来。书中有关饮食、生活的部分描绘得十分繁丰和细腻，写饮茶方面也极多。有人统计过，《金瓶梅》中提到茶的地方多达 629 处，这在古典小说作品中可谓空前的现象。茶在清代曹雪芹的《红楼梦》中出现的次数仅有 262 次，远不及《金瓶梅》提到茶的次数。《金瓶梅》为读者在书中述就了丰富多彩的品茶世界，神似一幅生动活泼的明代饮茶风俗画。《金瓶梅》写的是市井中人，世俗之事，它给我们展开的也是一幅明代中后期市井社会的饮茶风俗画卷。

书中对茶的描写极多，有独品佳茗的描绘，有对饮名茶的叙述，还有宾客成群的茶宴渲染，而涉及的名茶却只有两种，一种为六安名茶，另一种为江南凤团雀舌芽茶，出现于书中第二十一回的雅致场景“吴月娘扫雪烹茶”。

“……西门庆把眼观看帘前那雪，如挦绵扯絮，乱舞梨花，下的大了。端的好雪。但见：

初如柳絮，渐似鹅毛。唰唰似数蟹行沙上，纷纷如乱琼堆砌间。但行动衣沾六出，只顷刻拂满蜂鬓。衬瑶台，似玉龙翻甲绕空舞；飘粉额，如白鹤羽毛连地落。正是：冻合玉楼寒起粟，光摇银海烛生花。

吴月娘见雪下在粉壁间太湖石上甚厚。下席来，教小玉拿着茶罐，亲自扫雪，烹江南凤团雀舌牙茶与众人吃。正是：

白玉壶中翻碧浪，紫金杯内喷清香。

……”①

西门庆亦官亦商，尽管奢华无比，却俗气满身。然而在这一回中，得妻子吴月娘之幸，做了一件雅事，得尝白雪名茶。江南凤团雀舌芽茶，是指一种早在北宋时，就产于福建北苑的贡茶。名称中的“江南”是一种泛称，其实际产地在建安县凤凰山北苑，即现今福建建瓯。建安茶历来为上品，《茶疏》就有记载：“江南之茶，唐人首称阳羡，宋人最重建州；于今贡茶，两地独多。”② 因此，在明朝仍以其为贡茶。

历来爱茶之人，都以雪水煮茶为茶中美事。章回中所描绘雪景美轮美奂，本就为人间至景，吴月娘又扫太湖石上白雪，烹江南凤团雀舌芽茶这一贡茶。可想而知，煮出来的茶是何等的美味雅致。

（二）《红楼梦》中的茶

清代作家曹雪芹创作的《红楼梦》被公认为中国古代四大名著之一，在思想和艺术方面都达到了极高水准。它以错综复杂的清代上层贵族社会为背景，以贾宝玉和林黛玉的爱情悲剧为主线，通过对贾、史、王、薛四大家族荣衰的描写，展示了中国封建社会末期的方方面面，囊括了多姿多彩的世俗人情，可谓一部百科全书式的长篇小说。

---

① 兰陵笑笑生：《金瓶梅》，内蒙古人民出版社 2007 年版，第 116 页。

② 郭孟良：《中国茶典》，山西古籍出版社 2004 年版，第 144 页。

曹雪芹想必也是爱茶之人，否则《红楼梦》就不会有 260 多处提及茶，就不会有十几首咏茶诗，就不会描写多种多样的饮茶方式和名茶种类，也不会描写讲究至极的泡茶之水以及珍贵非凡的茶具古玩。

而再深入论及《红楼梦》中的茶，就不得不提起“栊翠庵茶品梅花雪”这一经典章回。妙玉，是大观园栊翠庵中带发修行的尼姑，“十二金钗”之六，聪颖博学，清高孤傲。《红楼梦》第四十一回提及在栊翠庵，妙玉私邀黛玉、宝钗在耳房内喝体己茶，宝玉悄随，四人一同“茶品梅花雪”。书中描写如下。

“妙玉执壶，只向海内斟了约有一杯。宝玉细细吃了，果觉轻浮无比……黛玉因问：‘这也是旧年的雨水？’妙玉冷笑道：‘你这么个人，竟是大俗人，连水也尝不出来。这是五年前我在玄墓蟠香寺住着，收的梅花上的雪，共得了那一鬼脸青的花瓮一瓮，总舍不得吃，埋在地下，今年夏天才开了。我只吃过一回，这是第二回了。你怎么尝不出来？隔年蠲的雨水那有这样轻浮，如何吃得？’……”①

黛玉是何等奇女子也，却也在这茶水前被妙玉讥讽为“大俗人”。可见，妙玉是深谙茶道，极为讲究之人。世人历来讲究烹茶之水，而这梅花雪水更是被称为“天泉”，更何况，妙玉这“天泉”取自梅花上且已藏于地下五年，愈发珍贵无比。

好水泡好茶，妙玉用这“天泉”好水泡以“老君眉”好茶，再配以极为讲究的名器茶具，可谓淡雅精致至极，充分体现了妙玉超凡脱俗的高洁气质，同时也体现出清朝时期世人对于茶文化的追求愈发雅致。

（三）《镜花缘》中的茶

《镜花缘》，清代李汝珍所著，该书结构独特、思想新颖，是一部极具想象力的神魔爱情小说，对封建社会的丑陋面目、男尊女卑的腐朽思想等多有批判。作为中国文学史上经典的长篇小说，《镜花缘》拥有与《西游记》《封神榜》和《聊斋志异》不相上下的文学价值，书中涉及丰富的神话元素，充满了浪漫主义的幻想色彩。这本书可分为两部分。前半部分讲述唐敖、多九公等人远渡重洋，探索了“女儿国”“君子国”等各种异域之地。后半部分则讲述武则天举办科举选拔女才子，唐小山等一百名女性考中，并为朝政作出贡献。

清朝时期，饮茶成为一种流行趋势，《镜花缘》也描绘了很多与茶文化有关的场景。《红楼梦》重点用茶来描绘角色形象和人物关系，而《镜花缘》则更注

① 曹雪芹：《红楼梦 足本珍藏》，中国戏剧出版社 2007 年版，第 185 页。

重从学术层面探讨茶道，甚至对角色的姓名和形象没有进行过多详细刻画。

书中有一回合写到百花仙子转世为唐闺臣与众才女在上京应考途中路过燕家村，应燕家小姐燕紫琼之邀过府小坐。因燕府中有绝世茶树几株，紫琼便请众才女移步至绿香亭内赏树、品茶、论茶。同《红楼梦》中妙玉泡茶不同，《镜花缘》中的美女论茶并无以茶衬托人物、暗藏玄机之妙，只是作者单纯地借众美女之口探讨茶的一些问题，包括茶树的特性、茶字的来源、茶名称的演变、茶的利弊等。作者博学多才，引用了大量前人著述来描写文中茶论，引经据典，又加以自己的想象与改动，倒也深入浅出，颇令人信服。

尽管后世对《镜花缘》中美女论茶的评价褒贬不一，但是不可否认的是，在当时世人极力推崇饮茶的氛围背景下，作者李汝珍却借《镜花缘》对饮茶之风的利弊作了学者式的探讨，他的观点也具有一定的借鉴意义。

（四）《老残游记》中的茶

《老残游记》，清朝学者刘鹗所著，是晚清的四大谴责小说之一。小说以一位走方郎中的游历为主线，反映了清朝的社会矛盾，独辟蹊径地指出清官昏庸，其误国害民比贪官还甚。同时，小说在提炼民族传统文化，融合生活艺术与哲学，体现女性平等，描绘人物心理与景物、背景的关系等方面都有极高的造诣，被认为是继《红楼梦》之后的又一部上乘“文化小说”，被前后翻译成八种语言传播至全球。

在明清小说《老残游记》中，作者也将茶作为重要内容来描写，茶在书中占据了不小的篇幅。通过分析《老残游记》这部小说，可以深入了解清代茶文化在茶具、茶馆文化、茶房和茶道思想等方面的特点。我们可以通过《老残游记》中对茶元素的刻画发现，在清代，饮茶已经不再由贵族或文人独享，而是逐渐普及平民大众群体，可以说，茶文化已经融入了当时百姓的日常生活。

《老残游记》中有如下描述。

“话言未了，苍头送上茶来，是两个旧瓷茶碗，淡绿色的茶，才放在桌上，清香已竟扑鼻。只见那女子接过茶来，漱了一回口，又漱一回，都吐向炕池之内去，笑道：‘今日无端谈到道学先生，令我腐臭之气，沾污牙齿，此后只许谈风月矣。’子平连声诺诺，却端起茶碗，呷了一口，觉得清爽异常。咽下喉去，觉得一直清到胃脘里，那舌根左右，津液汩汩价翻上来，又香又甜。连喝两口，似乎那香气又从口中反窜到鼻子上去，说不出来的好受，问道：‘这是什么茶叶？为何这么好吃？’女子道：‘茶叶也无甚出奇，不过本山上出的野茶，所以味是厚的。

却亏了这水，是汲的东山顶上的泉。泉水的味，愈高愈美。又是用松花作柴，沙瓶煎的。三合其美，所以好了。尊处吃的都是外间卖的茶叶，无非种茶，其味必薄。又加以水火俱不得法，味道自然差的。'" ①

不过区区一段话，却已足以体现清朝茶文化。女子巧姑认为谈及“道学先生”令自己有了“腐臭之气”，便以茶漱口，以清腐臭。此乃一个极小场景，却足以体现出在清朝茶文化当中，茶是至清之物，可醒人心、去朽气，申子平才饮一口，就已经觉得清甜无双，再连喝两口，更觉得浑身舒畅，可见该茶极妙。而再细问，巧姑却道茶无甚出奇，只不过是烹茶极为讲究：引高山之泉，以松花做柴，沙瓶煎之，方得这样好茶。适时其人身在乡间（济南平阴一带），饮茶却如此讲究，且不论茶名贵与否，烹茶之法就已经雅致精巧至极，这样的茶品令人不禁想象富贵人家更是该如何饮茶，也体现出了清朝饮茶之风的普及与精致。

（五）《儒林外史》中的茶

《儒林外史》，清朝吴敬梓著，长篇讽刺小说，共五十六回。小说以清朝的一群知识分子为主角，描绘了人们深受八股科举制度毒害的社会现状，揭示并批判了当时科举制度与封建礼教的弊端与腐败，反映了社会世俗风气的败坏。该书对人物的刻画入木三分，对白话文的运用炉火纯青，以高超的讽刺技艺塑造了一批典型的儒生形象，《儒林外史》也因此被称为中国古典讽刺文学的佳作，代表了中国古代讽刺小说的高峰，开创了以小说直接评价现实生活的范例。传世以来，备受赞誉。

在茶事方面，《儒林外史》也是“满纸茶话”。全书描绘到茶事的有 45 回，涉及茶事的更有 290 处，比起《红楼梦》有过之而无不及。而吴敬梓在书中大量的茶事描绘，不仅向世人展示了清朝的茶文化，更是借描写茶使得整本小说更加顺畅、出彩。

第四回，范进与张敬斋住在关帝庙时，严贡生与家人带着食盒前来说道：“次日小弟到衙门去谒见，老父母方才下学回来，诸事忙作一团，却连忙丢了，叫请小弟进去，换了两遍茶，就像相与过几十年的一般……” ② 这里所谓的“换了两遍茶”是指上了茶，中途又换了两遍。严贡生特意说明这一细节，意在吹嘘自己与知县的亲密，如同几十年好友般，在县衙备受重视。而在当时以茶待客以显重视的习俗，也体现了茶的地位。而在第二十三回中，又有这样的场景描写：“牛浦同

---

① 刘鹗：《老残游记全鉴 典藏版》，中国纺织出版社 2021 年版，第 89 页。

② 吴敬梓：《儒林外史 插图版》，张慧剑校注，人民文学出版社 2020 年版，第 34 页。

道士吃了早饭，道士道：'我要到旧城里木兰院一个师兄家走走，牛相公，你在家里坐着罢。'牛浦道：'我在家有甚事，不如也同你去顽顽。'当下锁了门，同道士一直进了旧城，一个茶馆内坐下。茶馆里送上一壶干烘茶，一碟透糖，一碟梅豆上来。"[①]与友相会，无他选择，即在茶馆，可见清朝茶馆文化的普及。茶馆处处可见，已经成为清朝百姓日常生活中的一部分。

（六）《聊斋志异》中的茶

《聊斋志异》，清代著名小说家蒲松龄所著，题材广泛、内容丰富，塑造了众多艺术典型，堪称中国古典文言短篇小说的巅峰。《聊斋志异》也被称为《鬼狐传》，在民间拥有很高的知名度。《聊斋志异》这本书收录了一系列神秘怪异的故事，书名中"聊斋"二字为书斋名，"志"意为"记录"，而"异"则意为"拥有奇异情节的故事"。这本书一共包括491篇短篇故事，这些故事揭示了封建时期百姓遭遇的社会问题，揭露了科举制度的腐败，批判了封建礼教的禁锢，蕴含着作者复杂深刻的思想。《聊斋志异》涉及许多对爱情的描写，同时也明确了作者对封建礼教的反对立场。通过在书中描写人类与花妖、狐狸之间的情感纠葛，蒲松龄对他理想中的爱情进行了刻画。与此同时，他还在这本书中添加了丰富的茶文化元素。

全书茶事处处皆是，主要包括饮茶风俗、茶具描写、茶与佛道、以茶刻画人物与情节等方面。《三生》篇中"刘孝廉……六十二岁而殁，初见冥王，待如乡先生礼，赐坐，饮以茶。觑冥王盏中，茶色清彻，已盏中，浊如醪"[②]，是以茶待客之道；《河间生》篇河间生受老翁之邀入洞饮宴"入则廊舍华好。即坐，茶酒香烈，但日色苍皇，不辨中夕。筵罢既出，景物俱杳"[③]，是为宴客上茶之礼；《局诈》篇的"金碗"；《丐仙》篇的"赤玉盘""玻璃盏"皆为皇亲贵族所用茶具；《鸽异》篇涉及茶与佛教；《白于玉》篇描绘了道家用茶的场面；《梦狼》篇借茶刻画门役的狡诈贪婪；《水莽草》篇以茶为媒介将故事情节描绘得栩栩如生，等等。

《聊斋志异》取材自民间，文中处处见茶事，可见茶文化经过一整个封建社会的孕育、发展与普及，确实已经无处不在。它不是高高悬于文学世界里的空中楼阁，亦不是深深藏于宫廷闺阁中的旷世奇宝，它实实在在地存在于上至君王、下至平民的家中。这也是一种文化真正普及最终、最好的表现。

---

① 吴敬梓：《儒林外史 插图版》，张慧剑校注，人民文学出版社2020年版，第163页。

② 蒲松龄：《聊斋志异》，华夏出版社2017年版，第20页。

③ 蒲松龄：《聊斋志异》，华夏出版社2017年版，第224页。

二、明清茶典

明清是中国古典文化发展的后期，文化气象逐渐走向内敛，茶文化在这一时期正适应了这种内敛的心态。目前尚存的明代茶书数量超过30种，而尚存的清代茶书则相对较少。通过阅读一些明代茶文化著作，如《茶录》《茶疏》《茶谱》等，我们能够真切地感受到明代茶学的辉煌。另有陈鉴撰的《虎丘茶经注补》是为虎丘茶写下的专著，清朝刘源长的《茶史》，是清代著名的关于茶的代表作品。全书共两卷，30个子目。上卷主要罗列茶的渊源、名品、采制、储藏以及历代名人雅士对茶学的论述与评鉴；下卷则主要记述了茶品鉴过程中所需了解的众多常识与古今名家的谏言，如选水、择器、茶事、茶咏等。

清代陆廷灿《续茶经》则以搜集保存资料较全面见长。这是清代内容最丰富的一部茶书，也是我国古茶书中内容最丰富的，几乎收集了清代以前所有茶书的资料。这部书之所以被称为《续茶经》，是因为它在结构和内容上与唐代陆羽的《茶经》非常类似。该书由上、中、下三部组成，内容包括一之源、二之具、三之造、四之器、五之煮、六之饮、七之事、八之出、九之略、十之图，最后还附一卷茶法。《续茶经》对所搜集到的茶书资料进行了分类，将其分为10个类别，以便读者进行比较和参考，还保留了已离世茶人所著茶书的信息。

（一）明代的茶典

元代时期，茶文化经历了一段时间的低谷期，之后农民出身的朱元璋登上大明开国皇帝的宝座，执行了与民生息的政策，社会初安，经济发展，饮茶雅事于是又再度兴起。在整个明代，编撰茶书蔚然成风，各种见解异彩纷呈。

对于明代众多的茶叶著作，有的专家学者评价并不高，认为内容大都围绕《茶经》而写，且多互相重复，没有多大意义。

其实，这需要具体辨析。一方面，明代的茶叶著作十分重视收集、继承前人的成果。朱祐槟所撰《茶谱》是采辑论茶之作；朱曰藩、盛时泰撰《茶事汇辑》；孙大绶整合张又新《煎茶水记》、欧阳修的《大明水记》及《浮槎山水记》3篇而成《茶经水辨》，又辑陆羽《六羡歌》、卢仝《茶歌》等诗歌8首而成《茶经外集》，还辑吴正仪《茶赋》、黄庭坚《煎茶赋》等而成《茶谱外集》；屠本畯整理了陆羽的《茶经》、蔡襄的《茶录》等多部茶叶著作，编成《茗笈》，该书可以被视为对茶书资料的系统整理；夏树芳整理南北朝至宋金茶事的过程中编撰《茶董》；基于《笔记杂考》以及其他书籍，陈继儒撰《茶董补》；龙膺所编写的《蒙史》乃集合各种杂抄资料而成；喻政整理古人关于茶的诗文编成《茶集》，并将26种古人论茶的著作辑成《茶书全集》;《茗史》是万邦宁于不同类型书籍中搜集、整理与茶有关的资料而成。

这些茶书基于之前学者的著作整理而成，也因此将宝贵的史料保留了下来。这有助于增强茶学著作的传播力和影响力，同时为未来的研究提供了方便和支持，具有重要的学术价值和意义。此外，尽管借鉴了前人的著作，有些茶书仍在努力创新并提高内容质量。张谦德在创作《茶经》时借鉴了陆羽、蔡襄等著作的观点，但他也融入了一些属于自己的独到见解，详细探讨了茶叶的“年不能尽与时合”。《茶约》是何彬然于1619年编写而成的茶书，它在一定程度上参考了陆羽《茶经》的结构，内容共分为种法、审候、采撷、就制、收贮、择水、候汤、器具、酾饮九则，后又附茶九难一则，内容却与《茶经》有着较大的差异。

另一方面，明代也有许多茶学著作开创了茶叶饮用的新思路。《茶谱》是朱权所撰的一篇茶论，约于1440年完成，全文约2000字，内容囊括了品茶、点茶等16则。他不赞同在青团茶中混合各种香料，基于个人的独特理解和经验总结，他大力提倡倡蒸青叶茶烹饮法。

朱权，号臞仙、涵虚子、丹丘先生，明太祖朱元璋第十七子，封于大宁为王，故世称宁王。据史料记载，朱权自幼聪慧、好学，成年后更是才华横溢、满腹经纶，精通道教、戏曲、历史、古琴、茶道等，一生成就非凡，著述颇丰。在靖难之役前，明成祖曾胁迫朱权发兵相助，并许诺分天下而治。然而，明成祖即位后，对此只字不提，更将朱权改封至江西南昌，夺其兵权。朱权历此变故，深受打击，一心求清净，寄情于文学艺术，多与文人学士来往。在这期间，茶成了朱权重要的寄情托志之物，他写下了对中国茶文化颇具贡献的茶著《茶谱》。

《茶谱》正文共十六则，内容涉及品茶、收茶、点茶、茶器具、煎汤法、品水等方面，并在序中指出“盖羽多尚奇古，制之为末，以膏为饼。至仁宗时，而立龙团、凤团、月团之名，杂以诸香，饰以金彩，不无夺其真味。然天地生物，各遂其性，莫若叶茶。烹而啜之，以遂其自然之性也。予故取烹茶之法，末茶之具，崇新改易，自成一家”[①]，认为叶茶不但饮用方便，而且保持了茶的本色，这些都是团茶所欠缺的，这一断言极大地影响了后世制茶方式的改革，促使叶茶走进了后人的日常生活当中。同时，朱权认为饮茶的最高境界是“或会于泉石之间，或处于松竹之下，或对皓月清风，或坐明窗静牖，乃与客清淡款语，探虚立而参造化，清心神而出神表”[②]。这些论断都独辟蹊径，别开生面。

---

① 叶羽编著:《茶书集成》，黑龙江人民出版社2001年版，第77页。

② 叶羽编著:《茶书集成》，黑龙江人民出版社2001年版，第77页。

《茶谱》全书所述大多为朱权独创，大胆改革传统的品饮方法和茶具，为后世形成简单新颖的烹饮法打下了坚实的基础，朱权也在书中寄托了自己以茶明志的心境。《茶谱》对后世影响深远，对茶文化的发展具有积极的促进作用，堪称明朝首屈一指的茶著。

除朱权之外，还有许多人致力于创新茶书内容。例如，田艺蘅于1554年创作《煮泉小品》，该书整理了古人有关茶、水的诗文，将这些诗文以9种水性分类。《煮泉小品》包含对诗文的原创评论和考据，作者的有些观点十分贴切、实用。田艺蘅，字子艺，博学能文，却“七举不遇”，遂放迹于西湖，寄情于山林。他对茶，尤其是对煮茶之水颇有心得体会，故著品水之作《煮泉小品》。该书全文共5000余字，论及源泉、石流、清寒、甘香、宜茶、灵水、异泉、江水、井水等水资讯，洋洋洒洒挥墨，虽有需商榷之处，但仍可被称为一本颇为系统全面的品水大作。

《水品》，明代奉化知县徐献忠所著。徐献忠，字伯臣，号长谷，以文章气节闻名，时称“四贤”之一。此书约6000字，分上、下两卷，分别由田艺蘅作序、蒋灼题跋。据《四库全书总目提要》记载，其上卷为总论，分源、清、流、甘、寒、品、杂说等内容；下卷详记诸水，自上池水至金山寒穴泉。《水品》集各地宜煮茶之水，资料齐全，可谓之水库，这也是其一大特色。

陆树声和终南山僧明亮在品尝了天池茶后，于1570年前后一起撰写了《茶寮记》，书中生动记述了冲泡茶水、品茶时的氛围和分享茶乐的方式，展现出了高雅隐士们的愉快生活和丰富趣味。1593年，陈师在其所撰的《茶考》中，记录了古今烹茶法的变化，也对一些内容进行了独具匠心的创新。张源于1595年所撰的《茶录》虽然只有1500字左右，但是包含了他长时间研究茶的领悟和心得。许次纾在茶道方面有着丰富经验，他将自己的见解总结成了《茶疏》，其中详细讨论了茶叶的种植、采摘、加工、存放和冲泡等方法。罗廪从小就喜欢喝茶，在后来的旅行中参观了一些产茶的地方，学习了当地茶人的制茶方法，并对各种制法进行了比较和参考，产生了很深的体悟。后来，罗廪在山阳隐居开始种茶，对茶树进行精心的灌溉和护理，还亲自采摘并制作茶叶。通过多年的实践，他于1609年完成《茶解》，书中内容十分贴近现实。此外，熊明遇撰《罗岕茶记》，闻龙撰《茶笺》、周高起撰《洞山岕茶系》和《阳羡茗壶系》、冯可宾撰《岕茶笺》，这些文人都以自己的真实经验为蓝本，对饮茶技法、茶叶制作等方面进行了颇有新意的介绍。唯有亲身经历过，认识才能更加深刻，明代茶书的革新和作者积极参与茶事密切相关。

（二）清代的茶典

清代，茶叶产量也较明代有大幅度提高，茶叶贸易相当发达，饮茶风气从文人雅士刻意追求、创造和欣赏的小圈里走出来，真正踏进寻常巷陌，走入万户千家，成为社会普遍的习俗。

但是，清代茶书的编撰并没有随着茶业的发展与转型、品饮艺术与茶馆文化的深入民间而崛起，反而明显地缺乏生命力。究其原因，主要是道光末年以来，中国饱受帝国主义侵略，雅玩消闲之举、玩物丧志之思不为广大士人所取，有志者大多胸怀忧国忧民之心、变法图强之志，投身到关心实业、抵御外侮、挽救国家、解救民众的实际活动之中。从学术思想上来看，也许由于源自清初的考据学勃兴，私人购书、藏书、抄书、校书、刻书、编书蔚为风气，茶书的编撰者也难免受考据学风的影响，沉湎于故纸堆中，很少深入和了解当时的民间饮茶风尚，这样就不免使清代茶书大多为整理、编撰、摘录前人之作。只要随手翻翻清代的茶书，就不难看到这种现象。

陈鉴撰《虎丘茶经注补》，全书约 3600 字，是专为很早就有名气的虎丘茶写下的专著。该书依照陆羽《茶经》分为十目，每目摘录有关的陆氏原文，并在其下把有关虎丘茶的资料搜集在一起。性质类似或超出陆氏原文范围的，就作为“补”接续在各该目陆氏原文的后面。体例虽然别致，但循规蹈矩少有新意，内容也很芜杂。

刘源长撰的《茶史》，洋洋洒洒 33000 字，却大抵杂引古书。全书共分子目 30，开篇内容包括各著述家和陆羽的生平故事。卷一分茶之原始、茶之名产、茶之分产、茶之近品、陆鸿渐品茶之出、唐宋诸名家品茶、袁宏道龙井记、采茶、焙茶、藏茶、制茶几部分，卷二分品水、名泉、古今名家品水、欧阳修《大明水记》《浮槎山水记》、叶清臣《述煮茶泉品》、贮水（附滤水、惜水）、汤候、苏廙《十六汤品》、茶具、茶事、茶之隽赏、茶之辩论、茶之高致、茶癖、茶效、古今名家茶咏、杂录、志地几部分，内容颇为芜杂。

江南才子冒襄与金陵名妓董小宛，通过饮茶品茗而牵出了一段动人的爱情故事。董小宛青春早逝，冒襄作《影梅庵忆语》哀悼，其中记述他们品茶共茗、小鼎长泉、柔情似水、静试对尝的儿女情怀。但冒襄撰写的《岕茶汇抄》，仅仅 1500 多字，却有一半是抄来的。

陆廷灿撰有《续茶经》一书。全书共 7 万字，此书将陆羽《茶经》另列卷目，其体例均按照《茶经》分上、中、下三卷共十目，又因陆羽《茶经》未列“茶法”之目，另以历代茶法为附录。自唐至清，茶的产地、采制、烹饮方法及用具，均有发展，情况大不相同，《续茶经》把多种古书数据摘要分录。此书虽非自撰的系统著作，却因征引繁富，便于聚观，颇为实用。

此外，署名为“醉茶消客”的《茶书》，系南京图书馆馆藏的一册旧抄本，这本书汇编了许多古人与茶相关的诗歌和文章。因为旧抄本的首页在流传过程中丢失，也没有序文，所以茶书的名字是在馆藏编目时新作的，原始书名已无从得知。1897年，程雨亭整理在皖南茶厘局上任期间所见的文书、文稿，撰成了《整饬皖茶文牍》。鲍承荫于1644年前后所撰的《茶马政要》、蔡方炳于1680年前后所撰的《历代茶榷志》、潘思齐的《续茶经》和陈元辅的《枕山楼茶略》等著作已经遗失，因此无法对它们的内容进行详细了解。

与被称为“东方文化金字塔”的《四库全书》相配套的《四库全书总目提要》，子部谱录类介绍了18部历代的茶书，即《茶经》三卷、《茶录》二卷、《品茶要录》一卷、《宣和北苑贡茶录》一卷及附《北苑别录》一卷、《东溪试茶录》一卷、《续茶经》三卷及附录一卷、《煎茶水记》一卷、《茶寮记》一卷、《茶约》一卷、《别本茶经》三卷、《茶董》二卷、《茗笈》二卷、《茗史》二卷、《茶疏》一卷、《茶史》二卷、《水品》二卷、《煮泉小品》一卷、《汤品》无卷数。《四库全书总目提要》对各部茶书所作的提要，大体包括作者情况、内容简介、版本源流、价值影响等，这些是当时编纂《四库全书》学者评判历代茶著的珍贵资料。

然而，清代的痴茶、爱茶、醉茶之士，并非完全在传统中作茧自缚，他们也有鲜活的思想和勃发的创造。

《茶说》为震钧所著的《天咫偶闻》之卷八。震钧，清代学者，曾执教于京师大学堂，博学多闻，著有《天咫偶闻》十卷。其中，《茶说》近2000字，系统地阐述了茶的择器、择茶、择水、煎法、饮法五个方面，虽是一家之言，却既有理论又有实践经验，颇为全面可信。同时《茶说》虽全文未提及“工夫茶”一说，但无处不透露出“工夫茶”的气息。震钧强调饮茶的环境与精神层次追求，其理念与今天的工夫茶理念一致。因此可以说，《茶说》还为后世研究工夫茶历史留下了一笔宝贵的资料财富。

《茶说》文字浅显，记述扼要，论述皆会心之言，内容思想上既有对前人的继承，又有自己的体会与发展，可谓一部出彩茶著，也为清朝这一时代的茶文化画上了圆满的句号。

三、明清茶诗

明清时期，饮茶依旧是日常生活中的一部分，茶诗有以茶的制作、烹煮为主，也有描述饮茶带来的感受和体验的。人们以茶养身、以茶助思、抒发隐志、陶冶性情，从茶中寻得各自的旨志和意趣。明代，由于社会矛盾逐渐加深，许多文人笔下的茶诗与僧道、隐逸的关系更加紧密，他们希冀以茶浇开心中的烦恼，表达淡泊的心境。文徵明、唐寅常以茶聚会结社，留下了不少的茶画和茶诗，同时，明代的文人一般认为茶中凝万象，通过饮茶可窥探大自然玄妙一隅，体会人与自然、宇宙之间的和谐交融。到了清代，宫廷茶事丰富，乾隆皇帝嗜茶、爱茶，曾多次举行大型茶宴，也留下不少的茶诗。另外，郑板桥、林鹤年等人也写下了许多茶诗。

（一）明朝茶诗

我国的茶诗在不同历史阶段有着不同的演进历程。晚唐时期，文人茶道文化开始初具规模，而茶诗也在这段时间迎来了蓬勃发展的黄金时期。唐代文人创作了 600 多首与茶有关的诗歌，宋代的茶诗保存至今的有 800 多首，而明代的茶诗更是种类繁多。明代初期，团茶制度被废除，文人们饮散茶，追求自然之美，他们中的不少人也开始专注于研究茶道。明代的文人们将品茗视为一项重要的活动，且常用品茗表达心志、修养身心。茶诗创作也因此形成了热潮，诗人们对茶的栽种、采摘、加工，茶艺和茶道等茶文化活动进行了深入探讨，其诗歌几乎囊括了明代茶文化的方方面面。明代，从事茶诗创作的人多为文人，这些文人除具有诗人的才情和朴素的品性外，还擅长品茶和饮茶。因为这一原因，茶道的知识和诗意在诗歌中成功融合，文人们在创作中展现出了充满茶文化气息的诗歌之美。热爱茶艺的文人通过品茶领悟人生哲理，以茶为引，在茶诗中表达出他们的人生态度和价值观。在此过程中，明代文人还因饮茶形成了一些文人茶人团体，其中知名度较广的团体有明代中晚期的“吴越茶人群体”“公安三袁”以及徐渭、邵宝等知名文人组成的饮茶团。他们将茶饮融入了生活的方方面面，并以茶为灵感源泉进行诗歌创作，以诗篇表达内心对茶的热爱。因此，明代茶诗涉及的主题非常广泛，几乎任何事物都可能激发茶友的想象，从而促使他们创作茶诗。

在明代的茶诗中，常有文人详细论述茶事，涉及茶叶的摘取、加工、品尝，茶具欣赏，赠茶、赠水活动等。举例来说，徐渭的《谢钟君惠石埭茶》以及章元应的《谢洁庵上人惠新茶》，均描述了茶人们互相赠送茶叶的场景，这些文学作品揭示了茶叶背后深刻的文化含义。在文人雅士的交往中，茶叶常常被用于礼赠，用来体现君子之间淡泊如水的友情。

明代茶诗的题材后来逐渐从茶叶转向茶人，文人们创作的焦点开始不仅限于茶叶和茶文化，也更重视刻画茶人这一与茶发生交互者。因此，在明代涌现了许多描写茶人情绪状态和文化追求的诗句。除此之外，明代的茶诗也开始揭示普通百姓在社会中遭受的不公待遇。明代文人们热衷于品茗，他们毫不掩饰对于茶的钟爱。无论是长篇还是五言短诗，他们都以细腻的笔触表达了对茶的热爱。作为中国茶文化重要的组成部分，明代茶诗的数量之多令人瞠目。明朝晚期，宦官们开始掌握政权，明朝出现了朝政腐败、民生困苦、权臣当道、官场混乱不堪的状况。文人们纷纷退隐深山写诗作文，远离尘世享受与茶相伴的优雅生活。在这期间，与茶有关的诗歌数量急剧增加，如黄宗羲的《余姚瀑布茶》、文徵明的《是夜酌泉试宜兴吴大本所奇茶》、王世贞的《吴兴杂兴十首》和袁宏道的《月下过小修净绿堂试吴客所饷松萝茶》等都被认为是当时的经典作品。

明代文人喜欢在品茗时赋诗创作，他们的诗歌水平颇为优秀，也主张在写诗时尽情表达个人情感。在这种情况下，明代茶诗的风格多清新明快。吴宽在《书句容丁溪僧舍壁》中写“瀹茗焚香坐终日，不知林外夕阳低”表达他在悠然自适地饮茶时感受到的幸福心情。胡宗仁也在《夜坐》中写道“篝灯常独坐，瀹茗与摊书。残月半窗白，寒星彻夜疏”，这些富含茶意的诗句，通过描绘诗人独自品茶的宁静场景，巧妙地展现了诗人祥和的精神世界，也间接反映出了诗人出色的才华。另外，明代的茶诗大多以色彩翠绿、香气浓郁、口感醇厚、外形美丽的龙井茶为描写对象。于若瀛所写的长诗《龙井茶》“西湖之西开龙井，烟霞近接南峰岭。飞流蜜汨写幽壑，石磴纡曲片云冷。拄杖寻源到上方，松枝半落澄潭静。铜瓶试取烹新茶，涛起龙团沸谷芽”慷慨赞美了龙井茶，细致描述了它的产地和品质，使读者充分体会到了这种茶的珍贵之处。另外，在《龙井试茶》中，高应宽也以四言绝句的形式概括了龙井茶的特点，称其为“茶新香更细，鼎小煮尤佳。若不烹松火，疑餐一片霞”，简洁而有力的文笔也充分展示了龙井茶的特色。徐渭在《鹧鸪天·竹炉汤沸火初红》中写道：“客来寒夜话头频，路滑难沽曲米春。点检松风汤老嫩，退添柴叶火新陈。倾七碗，对三人，须臾梅影上冰轮。他年若更为图画，添我炉头倒角巾。”描绘了在冷夜中煮茶，在月光下尽情品茗的场景。

1. 文徵明茶诗

文徵明是明代中期备受推崇的画家和诗人，他创作了许多富有空灵清新之美的茶画和茶诗，被人们盛赞为“吴门四家”“江南四大才子”之一。他精于绘画，深入研究了绘画理论，无论是山水、人物还是花鸟，他都十分擅长，是“吴门画派”画家中的佼佼者。文徵明在创作中常常以茶为题，创作了多幅反映当时茶文化的作品，如《惠山茶会图》《林榭煎茶图》《陆羽烹茶图》等，其中《惠山茶会图》尤为著名。他一生爱茶，创作了150多首茶诗。

文徵明终生未从事官职，不求权势，也不和官员往来。他热衷于清新脱俗的茶叶，饮茶是他生活中的日常活动。文徵明经常沉湎茶事，在精神世界中与茶做伴，他的茶诗多次提及“以茶洗肠”。他的诗作《谢宜兴吴大本寄茶》中写道：“小印轻囊远寄遗，故人珍重手亲题。暖含烟雨开封润，翠展枪旗出焙齐。片月分明逢谏议，春风仿佛在荆溪。松根自汲山泉煮，一洗诗肠万斛泥。”

诗中所寄之茶为阳羡茶，阳羡茶自来深受文人欢迎。作者收到这一远寄而来的好茶，心生热烈的喜悦之情。尾联“松根自汲山泉煮，一洗诗肠万斛泥”，描写诗人急忙烧水煮茶的动作，更显示了他满心的快乐和兴奋。当夜，文徵明又创作了《是夜酌泉试宜兴吴大本所奇茶》。

是夜酌泉试宜兴吴大本所奇茶

文徵明

醉思雪乳不能眠，活火沙瓶夜自煎。
白绢旋开阳羡月，竹符新调慧山泉。
地炉残雪贫陶榖，破屋清风病玉川。
莫道年来尘满腹，小窗寒梦已醒然。

前两联写诗人品尝过吴大本寄来的茶，沉醉在茶香中无法入睡，于是立刻起身用惠山（即慧山）泉水再次煎茶饮用。后两联引用陶谷、卢仝典故，描述了诗人在品茶后对人间冷暖有所感悟的惆怅心情。文徵明品茗不仅仅是品尝茶的味道，还会用茶表达自身的情感。通过用清洁、纯净的茶水洗涤身体，可以摆脱尘世的沉积和杂质，这体现了文徵明对于清净、宁静境界的向往之情。

除该诗之外，诗人还写“以茶洗肠”：“老去卢仝兴味长，风檐自试雨前枪。竹符调水沙泉活，瓦鼎然松翠鬣香。黄鸟啼花春酒醒，碧桐摇日午窗凉。五千文字非吾事，聊洗百年汤饼肠。”

这首诗歌以煎茶为题材，前四句通过描写从风檐中飘来的香气，展现了作者对茶叶的热爱以及煮茶过程中精心调制水质的严谨态度，认为要“竹符调水”。结尾“五千文字非吾事，聊洗百年汤饼肠”一句，写舒缓心境享受美茶的滋味，比作诗还要快乐，沉醉在一杯香醇细煮的茶香中，尘世俗务都可被忽略。文徵明对茶的热爱，可以说是一种美好的精神追求，是他追求高尚品格的表现。

文徵明对孤独精神境界的追求是通过自己独自品茶的方式实现的，而与朋友一起品茶则展现了他对友情的珍视。文徵明常常在江南的谷雨时节和朋友一起外出采摘茶树嫩芽，然后使用惠山泉水煎茶。文徵明在他的诗中就描述了与朋友一起游惠山的情景。

秋日将至金陵舟泊慧山同诸友汲泉煮茗喜而有作

文徵明

少时阅茶经，水品谓能记。
如何百里间，慧泉曾未试。
空馀裹茗兴，十载劳梦寐。
秋风吹扁舟，晓及山前寺。
始寻琴筑声，旋见珠颗泌。
龙唇雪濆薄，月沼玉渟泗。
乳腹信坡言，圈方亦随地。
不论味如何，清彻亦云异。
俯窥鉴须眉，下掬走童稚。
高情殊未已，纷然各携器。
昔闻李卫公，千里曾驿致。
好奇虽自笃，那可辨真伪。
吾来良已晚，手致不烦使。
袖中有先春，活火还手炽。
吾生不饮酒，亦自得茗醉。
虽非古易牙，其理可寻譬。
向来所曾尝，虎阜出其次。
行当酌中泠，一验逋翁智。

在清爽的秋天里，文徵明和朋友驾船到惠山，一起取泉水煮茶。十年前作者就开始梦想着能够去到距离自己百里的惠山，尝一尝那里的泉水，并用泉水煮茶。“如何百里间，慧泉曾未试。空馀裹茗兴，十载劳梦寐”，文徵明终于如愿以偿，能够与几个好友一起享受泉水的清凉。他想起了唐代李卫公远涉重洋，将惠山泉水送至长安的传奇故事。因此，文徵明拿出了随身携带的茶叶，用惠山泉水沏茶，然后感叹“吾来良已晚”，为自己受路途限制晚来饮茶感到遗憾。

文徵明对惠山泉情有独钟，他乐于用惠山泉制作阳羡茶，认为这是最高境界的品茶体验。文徵明对惠山泉的赞扬，充满了细致生动、真挚深切的情感，整篇诗作洋溢着与好友一同品茶的愉悦和快乐。

《品茶图》为文徵明 62 岁时所画，描述了他和朋友聚在树林茶舍中品尝雨前茶的情景。《〈品茶图〉题诗》："碧山深处绝纤埃，面面轩窗对水开。谷雨乍过茶事好，鼎汤初沸有朋来。"

诗中所指的友人是指陆师道，即陆子传，也是文徵明的学生。谷雨是盛产新茶的时节，陆子传来访时适逢风和日丽，文徵明正好烹茶款待自己这位年轻的学生。他们一起品尝雨前新茶，以茶相会，促膝长谈，相谈甚欢。文徵明后来又画一幅画作，名为《茶事图》，其上题有陆龟蒙所作的茶具诗十首，画面内容和《品茶图》一致。在静谧清幽、远离尘嚣的林中茶舍中，独自读书、细赏画作、慢品香茗、与友相聚，此为明代文人向往的生活。茶事的重要之处不在于茶本身，而在于与朋友们一同品茶，享受乐趣。

除与朋友一起喝茶聊天外，文徵明的茶诗中也经常描述与家人共饮好茶的情景，如《次夜会茶于家兄处》："惠泉珍重著茶经，出品旗枪自义兴。寒夜清谈思雪乳，小炉活火煮溪冰。生涯且复同兄弟，口腹深惭累友朋。诗兴搅人眠不得，更呼童子起烧灯。"

这首诗描绘了在严寒的夜晚，诗人与家中兄弟聚在炉火旁，共同品茗，彻夜长谈的情景。他们用溪中冰块煮制茶水，凝视着煮茶时产生的白色水波，整个房间弥漫着浓浓的茶香。茶烟缭绕，给寒冷的冬夜带来了温暖，拉近了亲人之间的距离。诗人回想起为了自己的爱好，耽误兄长入睡，也打扰到了自己的友人，不仅深感惭愧。因此诗人在夜晚中无法入眠，胸中萦绕着亟待宣泄的诗意，于是匆忙叫醒茶童点灯，提笔写下了这首充满茶香和情谊的诗篇。

这些诗展现出文徵明在明代受礼法严格约束的社会中追求自由生活的渴望。无论是独自品茶还是与亲朋好友聚在一起品茶，茶在文徵明的日常生活中都扮演着重要的角色。文徵明的性格执着坚定，一生坚持不从政，通过茶道传达对平等、自由的渴望，希冀从茶中得到悠然祥和的心境。茶的淡雅和朴素能够反映出简朴的生活理念，也能让我们感受到文徵明对清雅、朴素生活方式的追求。在文徵明的茶诗中，我们不仅可以领略到明代文人对清高雅致审美的追求，还能看到文人对高尚品德的关注。他们在泡茶、品茶的过程中展现了一种超越世俗束缚的生活智慧，展现了超然豁达的态度。

2. 唐寅茶诗

唐寅是明朝知名的诗人、书法家和画家，尽管他才华横溢，却一生贫困失意。现代人对唐寅的了解大多来自电影《唐伯虎点秋香》，该电影刻画的唐寅以其风流潇洒的形象深受人们的喜爱。然而，我们通过欣赏他的诗作，能够了解到唐寅的真实经历。在被卷入会试泄题的争端后，唐寅放下了追求官职的想法，转而享受山水之乐，并用画笔和诗书来记录人生。唐寅热爱喝茶，他创作的茶诗也别有一番风味。他在《卢仝煎茶图》中写道:“千载经纶一秃翁，王公谁不仰高风。缘何坐所添丁惨，不住山中住洛中。”唐寅自称“秃翁”，表达了他对崇高品格的赞誉和坚持原则、不同流合污的志向，同时也生动地描绘了其清雅高傲的气质。唐寅的茶诗与其茶画通常会相互呼应，他在《事茗图》中写道:“日长何所事，茗碗自赏持。料得南窗下，清风满鬓丝。”白天漫长无事可做，诗人只能独自喝着清茶。苦涩的茶汤进入口中，心中涌现无数的往事，感叹自己年岁增长，身体逐渐衰弱，却无法实现生活中的理想，不由得愁绪越来越浓，任由微风吹动头顶上的白发。唐寅在他的作品中透露出了深深的无奈和忧虑，他用朴实的语言传达出了内心的痛苦和不满，自然的景色则起到了衬托诗人内心难以启齿的悲伤情感的作用。因此，唐寅的茶诗看起来简单朴实，但仔细研究便会发现其中蕴含着悲伤和忧郁的情绪。

唐寅一生经历了众多挫折，他自小受到儒家思想的熏陶，梦想着通过科举来为国家效力，却因为卷入试题泄密案，官场梦想彻底破灭。尽管他最终选择了漫游山水作乐，但是其内心的烦恼和不满却无法被任何美丽的风景所化解。《事茗图》上的题诗一共只有短短的二十字，但却表达了作者满溢的痛苦与焦虑。“茗碗”被视作清高之士的标志，天亮人群来去匆匆时，诗人却无事可做，只能靠在窗边，捧着“茗碗”怀念往昔。诗中各种意象表面上似乎没有任何直接联系，但唐寅却巧妙地将它们联系了起来，描绘出一个独自饮茶的孤单诗人形象。整首诗的中心思想在诗人刻画的形象中显而易见，读者也能从中深刻地感受到诗人内心的情感。除该诗以外，唐寅还写道“清明争插河西柳，谷雨初来阳羡茶”，诗人通过描写阳羡茶树的勃勃生机，展示了他对家乡深厚的情感。唐寅将阳羡茶视为家乡的象征。在他波折的人生中，历经了困难和煎熬，只有家乡才能给他最深的安慰。

唐寅是一位多产的诗人，一生创作了不少茶事题材的诗句。早期的唐寅一直对已然破灭的梦想无法释怀，他在《事茗图》写就的“春风满鬓丝”一句，表现出久困于心的愁绪。而在《品茶图》中，他写“买得青山只种茶，峰前峰后摘春芽。烹煎已得前人法，蟹眼松风娱自嘉”，这代表着唐寅开始展现出豁达的心态。随着年岁的增长和经历的丰富，他不再执着于错失的功名，也不再强迫自己寄情于山水之间，而是接受命运的挑战，以平和的心态面对生活中的种种困难，沉浸在自在悠然的生活之中。总的来说，唐寅的茶诗反映了他与生活经历紧密相关的茶道情怀，诗人在不同的人生阶段的内心状态不同，因此茶诗中所表达的茶情也各有千秋。

（二）清朝茶诗

高鹗的《茶》诗："瓦铫煮春雪，淡香生古瓷。晴窗分乳后，寒夜客来时。漱齿浓消酒，浇胸清入诗。樵青与孤鹤，风味尔偏宜。"在淡雅之中，透出无限韵味。

清代最善写茶诗的可能还是乾隆皇帝。茶在这位"康乾盛世"主宰者之一的生活中，是具有重要地位的。就是这位皇帝，撰写过几百首茶诗。他曾命制三清茶，并赋诗记之。他六次"南巡"，游历杭州，踏赏龙井，题有多首龙井茶诗。

乾隆对龙井茶推崇备至，如《坐龙井上烹茶偶成》"龙井新茶龙井泉，一家风味称烹煎……何必凤团夸御茗，聊因雀舌润心莲"。

《再游龙井作》更是直抒胸臆："入目光景真迅尔，向人花木似依然。斯诚佳矣予无梦，天姥那希李谪仙。"真是何等快意。清代龙井茶风行天下，实在与乾隆褒扬密切相关。

郑板桥，原名郑燮，字克柔，号理庵，又号板桥，常被称为板桥先生。他于雍正年间先后考取举人、进士。后上任山东范县、潍县县令，多有贤名，而后迁居扬州，以绘画为生，为"扬州八怪"之一。

郑燮的诗词代表作有《竹石》《新竹》《山中雪后》《扬州》《小廊》等。

其中，《小廊》就是有关煮茶的诗。

小廊

郑燮

小廊茶熟已无烟，折取寒花瘦可怜。
寂寂柴门秋水阔，乱鸦揉碎夕阳天。

这是一首描写品茶心境的诗句，大致意思是：壶中的茶已经煮熟，炉子也不再冒烟，我小立在走廊下，顺手折下了一枝菊花，清瘦的花枝让人很是怜惜。幽静的小院里无客来访，柴门前秋水宽阔，夕阳残照，归巢的乱鸦叫声嘈杂，感觉天好似要被揉碎一般。

这首《小廊》表现了诗人郑燮在小廊秋日闲居的情趣，同时通过小廊下景色王世懋，明代文学家，字敬美，王世贞之弟，太仓（今属江苏）人，好学，善诗文，平生好茶。作《苏幕遮·夏景题茶》："竹床凉，松影碎。沈水香消，尤自贪残睡。无那多情偏著意。碧碾旗枪，玉沸中泠水。捧轻瓯，沽弱酹。色授双鬟，唤觉江郎起。一片金波谁得似。半入松风，半入丁香味。"

（二）清朝茶词

纳兰性德，清朝词人，原名成德，后避讳太子胤礽名（保成），改名为性德，字容若，号楞伽山人，其父为大学士明珠。纳兰性德祖籍北京，自幼灵慧机敏，热爱读书，尤其在填词方面有着出众的才华，颇负盛名。

浣溪沙·谁念西风独自凉

纳兰性德

谁念西风独自凉？萧萧黄叶闭疏窗。沉思往事立残阳。被酒莫惊春睡重，赌书消得泼茶香，当时只道是寻常。

这首词景情互相映衬，由西风、黄叶触发自己孤单寂寞和思念亡妻之情，继而由此忆起对亡妻在世时的生活片段的回忆，最后抒发无穷的遗憾、沉重的哀伤。其中写到夫妻风雅生活的乐趣：夫妻以茶赌书，互相指出某事出在某书某页某行，谁说得准就举杯饮茶为乐，以致乐得茶泼了地，满室洋溢着茶香。这样的生活片段极似词人李清照和她的丈夫赵明诚赌书的情景。

丘逢甲，字仙根，号蛰仙，又号蛰庵、仲阏，别署仓海君、南武山人、海东遗民。十四岁取中秀才，丁日昌赠以"东宁才子"之印；光绪十四年中举，次年取中三甲第九十六名进士，钦点工部虞衡司主事。不久，以亲老告归，先后担任宏文、罗山、崇文书院主讲，兼任《台湾通志》总局采访工作。甲午战败，割台议起，丘逢甲上书请愿，反对割让，并担任义军统领，督办团练，号召抗日。日军抵台不久，继民主国总统唐景崧之后，避难广东镇平。西渡后致力于兴学教育，曾担任韩山、东山、景韩书院主讲，创潮汕第一所新式教育机构——岭东同文学堂，开新学风气之先。1912 年病逝于镇平，临终遗言须向南葬，以示不忘台湾地区。

由于云南普洱茶产区与中原地区交通阻隔，普洱茶直到明代方才进入人们的视野，当时称"普茶"。因此吟咏普洱茶的诗词也就出现于明清时期，数量也不算多。丘逢甲这首词堪称其中的代表。

长句与晴皋索普洱茶

丘逢甲

滇南古佛国，草木有佛气。
就中普洱茶，森冷可爱畏。
迩来入世多尘心，瘦权病可空苦吟。
乞君分惠茶数饼，活火煎之檐卜林。
饮之纵未作诗佛，定应一洗世俗筝琶音。
不然不立文字亦一乐，千秋自抚无弦琴。
海山自高海水深，与君弹指一话去来今。

第四节 明清茶与文人

在明代文人们看来，茶事是第一等清雅之事。茶是明代文人构建自我精神文化生活的媒介。通过明代文人流传下来的关于惠山茶文化的相关趣事，我们可以一窥那个时代茶人集团对茶事的喜爱与对闲适清雅内在气质的追求。明代惠山寺住持普真（性海），喜与文士交往，晚年住听松庵。明洪武二十八年，普真请湖州竹工编制竹炉。竹炉高不满尺，上圆下方，以喻天圆地方。竹炉制成后，普真汲泉煮茶，招待四方文人雅士，举行竹炉茶会、诗会。当时无锡著名画家王绂，专门为竹炉绘图，学士王达为竹炉记序作诗，成为明代惠山一件盛事。此后惠山茶会名声大噪，各地文人墨客接踵而来，这期间以惠山茶会为题材的诗词、书画作品纷纷涌现，使得惠山茶会成了江南茶事的代表，一度占据了江南茶事的中心地位。公元1518年的二月十九日适逢清明节，文徵明与一群朋友聚在惠山举行聚会。在欢乐的氛围中，文徵明创作了《惠山茶会图》。这幅作品描绘了作者与友人围坐在竹炉旁品茶，在茅亭里放松休息的场景。《惠山茶会图》享有盛誉，是许多茶画作品中的典范。明嘉靖年间，无锡籍书画家王问创作了茶画《煮茶图》及行草书《茶歌》，《煮茶图》详细描绘了惠山竹炉煮茶的传统，画中更是出现了号称“天下第一壶”的紫砂壶——吴经提梁壶。

晚明时期，由于以程朱理学为主体的传统价值观的瓦解，人们开始追求享乐。在这种风气下，该时期的文人除追求物质享受，也更加重视精神层面的修养，这种生活态度引起了品茶文化的盛行。品茶能够为人的生活增添精神意趣，是古代文人热衷的娱乐活动，能让他们从中获取必需的心灵养料。明清之际国家环境复杂，社会的主导思想可以说在一定程度上影响了当时文人雅士的社会需求。随着清兵入关，明朝覆灭，张岱等一众富家公子纸醉金迷的奢华生活如泡影般消散，外有国破家亡的危机，内更是有安身立命的困扰。文人遭此境遇，大多有不同的调节方式。茶叶的清苦和回甘，恰到好处地反映了时下一众文人的生活心境，让他们的心灵得到沉静。而茶中品味的闲适，除是明清之际文人的精神需要以外，更是一种文化选择。

清朝时期，关于茶的趣事也有很多。据说，有一天，清康熙皇帝退朝后来到后宫，太监捧上来一盅茶，康熙揭开盅盖，一股馥郁的清香散溢上来，他啜了一口，香气顿生齿间，望盅内，但见茶叶浑圆紧结，色泽绿润，康熙连赞好茶，便问此茶来历，太监回答这是京城府衙一位绍兴师爷送来的，称为日铸茶。听太监讲了一番之后，皇帝便下诏到当地府县，在日铸岭开辟“御茶湾”，专门为皇宫植好茶。乾隆在位 60 年，是康乾盛世的创造者与守成者，乾隆皇帝能够长期掌权执政，乐享高寿，很可能与他饮茶的爱好有关。他曾六下江南，饱尝各地的名茶美泉，对品茶鉴水有着独特的所好与见解，写下了不少咏茶诗篇。在我国历代帝王中，乾隆是作咏茶诗最多的一个。乾隆皇帝嗜茶如命的逸闻趣事数不胜数。例如，乾隆曾经给一些流传至今的名茶赐名，耳熟能详的如铁观音。据说乾隆六年时，礼部侍郎方苞获赠一种茶叶，由于这种茶叶味道很好，方苞便把它献给了乾隆，而乾隆也对它大加赞赏。这种茶叶外形乌润坚实，沉重如铁，外形和口味兼具，因而乾隆为其赐名为“铁观音”，来比喻其清新雅韵。清代词人纳兰性德在悼念亡妻时，有感于李清照夫妇的伉俪情深，为他们，也为自己写下《浣溪沙·谁念西风独自凉》中“赌书消得泼茶香，当时只道是寻常”的名句。从此，“赌书泼茶”成了象征夫妻间高情雅趣的又一著名典故。另外，王十朋的《梅溪集》也记载了自己和朋友行茶令的故事，每次行令，大家都围绕某一主题，各举与茶相关的典故旧事，说不出来的人就只能闻着茶香，看着别人饮茶了。

文人能用审美的眼光观照饮茶之习，把品茶扩展为对生活情趣美的追求，从品茶中去体味和欣赏茶中闲情逸致的妙趣。关于文人与茶的趣事还有很多，下面进行简要分析。

一、徐渭以扇赌茶

徐渭，字文长，号天池山人、青藤道士、田水月，山阴人，明代著名文学家、书画家、戏剧家。他是一个文艺上难得的全才、奇才。他是中国古代青藤画派的鼻祖，之后的“扬州八怪”，近代的吴昌颂、齐白石都受其影响。他的剧论《南词叙录》为我国第一部关于南戏的理论专著，还有《四声猿》等杂剧传世。他的诗文独步明代诗坛文苑。

徐渭长期在绍兴居住，擅长书画诗文，一生嗜茶，没有一日不饮茶。徐渭自幼聪慧，文思敏捷，且胸有大志。他参加过嘉靖年间东南沿海的抗倭斗争，反对权奸严嵩，一生遭遇十分坎坷，还曾入狱七八年。获释后，徐渭贫病交加，以卖诗、文、画糊口，十分潦倒。在他 71 岁的时候，有一天，他的老友钟无毓来拜访他。钟无毓的家境十分富裕，其父曾经做过知府。钟无毓才华横溢，仰慕徐渭的诗画才情，两人成了忘年交。那天，两个人兴致大发，竟然玩起了藏钩游戏。两人各自写下字条作为凭证。徐渭因为喜欢喝茶，就让钟无毓在纸条上写下如果输了就交出一斤后山茶。钟无毓因为喜欢徐渭的书画，就让徐渭在纸条上写下如果输了就要替钟无毓写十八幅扇面。最后两个人都没赌赢。于是钟无毓要给徐渭一斤后山茶，而徐渭却也要为钟无毓写十八幅扇面。

徐渭得到茶自然很高兴，但要他当场写十八幅扇面却并非易事，毕竟他已是 71 岁的老人了。徐渭写得口焦唇燥，喉干舌涩，两臂酸痛，腰间无力，写到最后，确实没力气了，就只好求饶。这个以扇赌茶的游戏最后以有趣的求饶结束。徐渭为得到佳茗而付出的努力值得为后人所称赞。

二、唐伯虎猜字谜

据说这个故事中的谜语是明朝江南四大才子中的唐伯虎与祝枝山的游戏之作。有一天，祝枝山去会老朋友唐伯虎，到他家后立即被邀请去品茶猜谜，唐伯虎立下赌约说如能猜出，自是捧出佳茗招待祝枝山，如若猜不出则要说声对不起，恕不接待。只见，唐才子摇头晃脑吟出谜面：“言对青山不是青，二人土上说分明。三人骑牛牛无角，草木之中有一人。”祝枝山略一沉思，旋即猜出，得意地敲了敲茶几说：“倒茶来。”唐伯虎一看他的架势，知道他猜得不错，就将其延请到太师椅上就座，并示意童仆将新上市的上好茶叶沏好奉上。

谜面中的第一句与谜底相关的是“言对青”，第二句与谜底相关的是“二人土上”，第三、第四句都与谜底相关。其实，这个谜底为“请坐，奉茶”。

三、张岱斗茶檄

张岱，明末清初文学家、史学家，字宗子、石公，号陶庵，山阴（今浙江绍兴）人，出身仕宦，曾漫游苏、浙、皖、鲁等地，阅历广博。因清兵南下，避乱会稽剡溪山，发愤著作，尤精明史。康熙初，应浙江学政谷应泰之邀，参与编修《明史纪事本末》。张氏精于茶艺鉴赏，品茶鉴水精到，在《陶庵梦忆》中专载“闵老子茶”一节。

张岱喜欢品茶，以茶客自诩。因为喜欢，张岱竟然炮制出新茶“兰雪”。张岱慕名赶赴南京拜访一位善茶老者，从下午三点多钟等到晚上八点多钟，终于金石为开，被老者引为知音。老者告诉张岱烹茶当取惠泉之水，先把泉水淘干，待到半夜涌新汲取，储于瓦瓮，置于净石，待到晨风起时再装船运回。张岱得此诀窍，屡屡与人斗茶。乘兴撰写《斗茶檄》，借用米芾《句 其四》中的名句“饭白云留子，茶甘露有兄”，把斗茶之馆命名为“露兄”，这就是当代很多浙江茶馆名为“露兄”的原因。

四、郑板桥因茶结良缘

雍正十三年二月，在春花竞放的扬州，郑板桥到郊外踏青，见一户农家院子里有一树杏花，枝头花闹，红杏春光。他被吸引，借口渴进院讨茶喝。

农家院里的老妇人捧出一碗茶来招待他。他一边喝茶道谢，一边观赏杏花，无意中见到里间屋子墙上贴的都是自己的诗词，十分惊讶，急忙问老妇人缘由。老妇人这才知道面前的男人居然就是大名鼎鼎的郑板桥。

老妇人大喜，唤女儿出来相见。老妇人的女儿言明倾慕郑板桥的才华，问他能不能为自己写一首词。郑板桥便书《西江月》一阕赠给了这位姑娘：“微雨晓风初歇，纱窗旭日才温。绣帏香梦半朦腾，窗外鹦哥未醒。蟹眼茶声静悄，虾须帘影轻明。梅花老去杏花匀，夜夜胭脂怯冷。”

老妇人和姑娘领会了郑板桥词中的心意。姑娘姓饶，排行第五，名五姑娘，待字闺中。老妇人便提议，郑板桥丧偶，何不纳自己的女儿为妾。郑板桥允诺，如果中了进士，必定后年回来，问姑娘可愿意等。妇人和姑娘都答应了，并以郑板桥赠予的茶书为订书。

到了第二年，郑板桥果真中了进士，留在了京师，而老妇人家愈发贫困。有富商要以七百金纳五姑娘为妾，老妇人动摇了。可五姑娘却坚守与郑板桥的约定，等到郑板桥归来，二人最终缔结良缘。人到中年的郑板桥以茶书缔结婚约，可谓风雅，而饶五娘不为富贵所移，坚守约定，亦是颇有风骨。

郑板桥与饶五娘以茶为媒，恪守承诺，二人身上无不洋溢着君子之风。

五、乾隆与扣茶礼

茶桌上至今广泛流传的一种茶礼（扣茶礼），即主人敬茶或给客人茶杯中续水时，客人以中指和食指在桌上轻轻点几下，以表谢意。相传这也源于乾隆下江南的故事，乾隆帝与几位随从微服私访，行至一茶馆时，他见茶倌那凤凰三点头的斟茶手法颇有意思，就自己也学着做起来。

他为侍从斟了一杯茶，侍从见状不知所措，为了不暴露皇上的身份，又不违反宫中礼节，侍从灵机一动，忙伸出手来弯曲中指和食指用手指，朝皇上轻叩几下表示以“叩手”来代替“叩首”。扣手形似双膝下跪，以叩谢圣恩。乾隆一见龙颜大悦，赞许了这一行为，这一茶礼从此便逐渐流传至今。

第五节　明清茶俗

明清时期，中国茶文化蓬勃发展，茶叶产业取得了巨大的进步，茶叶加工技术也由此被不断改进，茶叶的生产规模开始扩大，越来越多种类的茶叶开始进入人们的视线，最终发展出六大茶类，中国传统茶业进入了新的发展阶段。

中华茶文化不断发展，迈向了崭新的高度。元代时期，散茶成了民间饮品的主流，茶文化和茶的价值取向进入转变期。明代初期和中期，茶文化开始强调天然，而到了明末清初时期，茶风逐渐变得细腻柔弱，士大夫阶层再次流行起精细的茶风，饮茶艺术由此进入了全新的审美阶段。

同时，茶已经成为平民阶层和普通街坊巷弄中的常见饮品，不再是贵族和知识分子的专属，茶馆文化开始蓬勃发展，各种具有地方特色的茶文化也得以融入不同社会人群的日常生活。

一、明代茶俗

明朝时期，我国茶叶的生产和制作技术有了明显的提升，由此获得的成就与宋朝时期不相上下。在中国茶文化的发展历程中，明代茶人作出了有开创性的改变，使用散条茶叶代替了传统的茶饼形式，并倡导用沸水冲泡取代传统的研磨茶叶然后煎煮的方式。

唐宋时期，人们主要饮用蒸熟碾碎、榨出汁液后压模并烘干的茶叶，并会将这类茶叶制成团状或饼状。宋朝曾经流行过斗茶活动，参与斗茶的人们认为汤色第一种称作官茶，存储在陕西、甘肃等与少数民族交界之地，用以换取马匹。

第二种称作商茶，由政府开具茶引，商贩将茶叶用作商业买卖，政府收取税银。

第三种称作贡茶，是专门进贡给宫廷使用的。

作为少数民族入主中原的政权，茶叶的重要性清政府更是深有体会。所以从顺治元年开始，清政府就规定了以茶叶向“番族”换取马匹的交易标准。到了顺治十八年，达赖喇嘛主动向中央政府请求由西藏为中央政府输送马匹来换取茶叶。

在清代的对外贸易活动中，茶叶是抵御外国商品倾销、保持贸易顺差的有力武器。据统计，清乾隆二十九年当年，欧洲各国向清朝输入了总价值约为一百九十一万两白银的商品，而清政府则向外输出了价值约为三百六十四万两白银的商品，超过进口商品一百七十三万两，这些出口商品主要是茶叶、生丝和瓷器。这样的贸易顺差一直保持到鸦片战争之前，一定程度上抵消了欧美各国向清朝倾销商品和鸦片所带来的负担。

清朝时期的茶文化对外传播是一个复杂而广泛的过程，涉及多个方面和途径。首先，清朝时期，中国茶叶的生产和出口量大幅增加，茶叶成为中国重要的出口商品之一。这一时期，通过海上丝绸之路和港口贸易，茶叶逐渐传播到世界各地，包括欧洲、美洲、非洲以及亚洲的其他国家或地区。

在对外传播的过程中，茶叶贸易不仅促进了经济的发展，也推动了文化的交流。例如，英国通过东印度公司等贸易公司大量进口中国茶叶，并将茶文化传播到欧洲其他国家或地区。此外，清朝宫廷文化和茶艺对茶文化的传播起到了重要的推动作用，茶道、名茶制作和品饮知识在海外得以传承。

清朝时期的茶文化不仅在国内得到了广泛研究和传承，还通过对外贸易传播到了西方国家或地区，与各民族的政治、经济、文化紧密相连，形成了具有地方特色的西方茶文化。在英国，茶文化逐渐演变为下午茶文化，成为社交活动的重要组成部分。除此之外，茶文化还通过多种途径传播到东方国家或地区，尤其是日本和朝鲜半岛。这一时期，中国茶文化的传播与对外贸易密切相关，随着海上丝绸之路的开通和中西方贸易的增加，茶叶成为重要的出口商品之一。

在清朝，茶叶的出口量大幅增加，成为巴蜀地区的主要出口商品之一。广州十三行成为茶叶海外贸易的重要中心，中国茶叶和茶具远销世界，对全球贸易体系产生了深远影响。此外，清朝宫廷文化和茶艺也对茶文化的传播起到了重要的推动作用，茶道、名茶制作和品饮知识在海外得以传承。

参考文献

[1] 李丹编著:《茶文化》，内蒙古人民出版社 2005 年版。

[2] 王华利主编:《走进茶文化》，华中科技大学出版社 2021 年版。

[3] 郑培凯、朱自振主编:《中国茶书唐宋元》，上海大学出版社 2022 年版。

[4] 余亚梅:《和解茶经（一碗茶汤的中国意味）》，上海文化出版社 2023 年版。

[5] 鲍思陶:《茶典》，山东画报出版社 2004 年版。

[6] 陆羽:《茶经》，叶灵华编译，云南人民出版社 2011 年版。

[7] 陈鹏举:《茶・诗》，上海文化出版社 2012 年版。

[8] 陈林、李丽霞主编:《茶文化传播》，中国轻工业出版社 2015 年版。

[9] 关剑平编:《世界茶文化》，安徽教育出版社 2011 年版。

[10] 戎新宇:《茶的国度改变世界进程的中国茶》，上海交通大学出版社 2019 年版。

[11] 熊庆元主编；陈子善、蔡翔编选:《茶》，山东文艺出版社 2014 年版。

[12] 戴明华:《中国人的茶事》，湖南人民出版社 2023 年版。

[13] 郭孟良:《茶书十三种》，生活・读书・新知三联书店 2023 年版。

[14] 中国茶叶博物馆编著:《非遗里的中国茶》，浙江教育出版社 2023 年版。

[15] 于良子:《茶事艺文》，浙江摄影出版社 2022 年版。

[16] 康鹏欢:《茶文化在古代文学作品中的表现探讨》,《文化学刊》2023 年第 11 期，第 244—247 页。

[17] 刘礼堂、范钰翎、李敏瑞:《宋代宫廷茶文化探究》,《农业考古》2023 年第 5 期，第 33—42 页。

[18] 于文杰、杨舒敏:《近代早期英国摄取中国茶文化及其影响》,《昭通学院学报》2023 年第 4 期，第 86—91 页。

[19] 宋时磊:《中国茶文化的形成、发展及影响》,《人民论坛》2022 年第 19 期，第 96—99 页。

[20] 吴聪聪:《古代文学作品中的茶文化解读》,《福建茶叶》2022 年第 7 期，第 196—198 页。

[21] 竺济法:《试论茶禅文化三大源头及传承》,《农业考古》2021 年第 5 期，第 159—165 页。
[22] 欧阳伟华:《唐代茶文化传播与中亚茶文化》,《宜春学院学报》2021 年第 10 期，第 58—64 页。
[23] 江雪玲:《中日茶文化思想比较研究》,《福建茶叶》2021 年第 10 期，第 269—270 页。
[24] 巴桑拉姆:《茶文化在古代文学作品中的体现》,《福建茶叶》2020 年第 11 期，第 301—302 页。
[25] 袁家荣、朱迎雪:《刍议古诗词中的茶文化》,《福建茶叶》2020 年第 10 期，第 344—345 页。
[26] 张然思、王光尧:《从中国走向世界的茶文化:“茶・世界”展览策展访谈》,《故宫博物院院刊》2023 年第 9 期，第 48—59 页。
[27] 张琳:《近三十年来唐宋茶文化研究综述》,《福建茶叶》2023 年第 5 期，第 173—175 页。
[28] 关剑平:《中国茶文化的特质及其在日本的传播》,《中国非物质文化遗产》2023 年第 3 期，第 101—108 页。
[29] 王璨:《镜花缘中的茶文化研究》,《福建茶叶》2022 年第 10 期，第 190—192 页。
[30] 周瑞春、石青:《论唐宋茶文化的伦理意涵》,《茶叶通讯》2022 年第 1 期，第 129—132 页。
[31] 李肖:《茶文化与唐宋社会生活的嬗变》,《北方工业大学学报》2022 年第 1 期，第 134—141 页。
[32] 刘明杉:《唐宋茶文化和茶器在朝鲜半岛的传播及影响》,《殷都学刊》2020 年第 4 期，第 83—92 页。
[33] 赵涵、卢欣彦:《唐宋诗文与斗茶文化》,《汉字文化》2020 年第 19 期，第 39—40 页。
[34] 倪曳青:《中韩茶文化的交流与传播》,《福建茶叶》2020 年第 8 期，第 289—290 页。
[35] 陈维灯:《千年老鹰茶踏上茶文旅融合发展路》,《重庆日报》2023 年 6 月 30 日第 13 版。
[36] 李桦:《咸阳茶：从历史走向未来》,《咸阳日报》2023 年 6 月 26 日第 A4 版。
[37] 程佳:《品千年茶香话世代友谊》,《中国文化报》2023 年 6 月 14 日第 2 版。

[38] 王彬、王添艺:《“国际茶日”品中国茶香茶韵》,《中国文化报》2023年5月31日第1版。
[39] 郑颖、钟珊珊:《古茶新篇》,《江西日报》,2023年5月28日第1版。
[40] 于锋:《茶圣陆羽,为江苏文化史留下浓浓茶香》,《新华日报》2023年3月17日第14版。
[41] 张丽:《讲好茶文化非遗故事,共享美好生活》,《人民政协报》2022年12月5日第9版。
[42] 林立、许芸浩:《峨眉雪芽:“千古禅茶”香飘世界》,《四川经济日报》2022年5月20日第2版。
[43] 费洪芹:《日照绿茶:茶农增收的“黄金叶”对外交流的“金名片”》,《日照日报》2021年9月7日第A4版。
[44] 周武、龚丹韵:《改变世界历史的中国茶》,《解放日报》2016年2月5日第11版。
[45] 蒲思伊:《品味川茶感知历史助推发展》,《四川政协报》2014年1月11日第3版。
[46] 宣方:《茶与禅的历史渊源》,《中国科学报》2013年6月10日第7版。
[47] 贺小巍:《茯茶:一段秦人制茶的传奇历史》,《陕西日报》2013年1月11日第10版。
[48] 陈昌云,黄榆:《普洱茶膏:带着历史的陈香与现代工业文明融合》,《工人日报》2013年1月1日第4版。
[49] 何建成:《“煎茶”,水困成为历史》,《铜仁日报》2011年1月4日第1版。
[50] 周琦:《品味雅安“茶祖故里行”只是开始》,《雅安日报》2010年9月27日第2版。
[51] 高晓军:《茶马古道串起的明清历史》,《雅安日报》2010年6月13日第1版。
[52] 王靖:《陕西茶历史文化及茶产业发展高端论坛在汉举行》,《汉中日报》2010年4月30日第1版。
[53] 葛树法、陈娜,方羽公:《禅茶飘香迎宾来》,《江南游报》2010年4月23日第12版。
[54]《两岸佛手禅茶高峰会在泉举行》,《福建工商时报》2009年11月27日第10版。
[55] 雷顺号,汪晶晶:《两岸佛教高僧太姥山下论禅茶》,《闽东日报》2009年11月17日第A02版。

[56] 黄云峰，金文莲:《武夷岩茶：氤氲历史的清香》,《福建日报》2009 年 5 月 13 日第 010 版。

[57] 张文旗，谭文骄，秦斌:《湖北第一历史名茶》,《恩施日报》2009 年 3 月 30 日第 002 版。

[58] 谭文骄，秦斌:《打造恩施玉露名片 再创历史名茶辉煌》,《湖北日报》2009 年 3 月 27 日第 6 版。

[59] 吴志远:《颠覆传统制茶历史》,《湖北日报》2009 年 3 月 2 日第 001 版。

[60] 周怀立，彭小中:《茶陵着力打造历史文化名城》,《湖南日报》2008 年 5 月 10 日第 A01 版。

[61] 陈群峰，江泠:《第五届中国茶圣节丰富多彩》,《江南游报》2006 年 4 月 27 日第 003 版。

[62] 胡琪，张瑜:《安徽六安：茶业经济迅速崛起》,《中华合作时报》2004 年 5 月 19 日第 A01 版。

[63] 邹晓明，蔡厚正，王绍雄:《江西发现明清象牙茶酒行令筹》,《光明日报》2001 年 7 月 9 日第 A02 版。

[64]Rath E C，“The Tale of Tea：A Comprehensive History of Tea from Prehistoric Times to the Present Day”，*Food*，*Culture & Society*，Vol.2，2020.

[65]Xinyu F，Ming C，Haizhao S，et al，“A Systemic Review on Liubao Tea：A Time-Honored Dark Tea with Distinctive Raw Materials，Process Techniques，Chemical Profiles，and Biological Activities”，*Comprehensive Reviews in Food Science and Food Safety*，Vol.6，2023.

[66]Weiyi Z，Youjun Z，Haiji Q，et al，“Genome Assembly of Wild Tea Tree DASZ Reveals Pedigree and Selection History of Tea Varieties”，*Nature Communications*，Vol.1，2020.

[67]Yujing Y，C C D，Dimitar D，et al，“Phytogeographic History of the Tea Family Inferred Through High-Resolution Phylogeny and Fossils”，*Systematic Biology*，Vol.6，2021.

[68]Troy B，“Tea War：A History of Capitalism in China and India”，*Cultural and Social History*，Vol.5，2021.